下的修行

要懂得一点低调

释颢 / 编著

低调是一种更优雅的人生态度

人生的真谛，不在高山大川、巍巍峰顶，而在舒云流水、曲径通幽。放慢脚步，放低姿态，让心灵在舒缓的人生节奏中低吟浅唱，闲庭信步，最终拾级而上获得成功。做人，过刚则易折，骄矜则招祸。懂得一点低调，人生方可涵蕴厚重、丰富充实。

中国华侨出版社

图书在版编目（CIP）数据

当下的修行：要懂得一点低调/释颢编著. —北京：中国华侨出版社，2011.6
ISBN 978-7-5113-1107-8

Ⅰ.①当… Ⅱ.①释… Ⅲ.①人生哲学-通俗读物
Ⅳ.①B821-49

中国版本图书馆 CIP 数据核字（2011）第 098882 号

● 当下的修行：要懂得一点低调

编　　著	释　颢
责任编辑	李　晨
经　　销	新华书店
开　　本	710×1000 毫米　1/16　印张 15　字数 200 千字
印　　数	5001-10000
印　　刷	北京一鑫印务有限责任公司
版　　次	2013 年 5 月第 2 版　2018 年 3 月第 2 次印刷
书　　号	ISBN 978-7-5113-1107-8
定　　价	29.80 元

中国华侨出版社　北京市朝阳区静安里 26 号通成达大厦 3 层　邮编 100028
法律顾问：陈鹰律师事务所
编辑部：（010）64443056　　64443979
发行部：（010）64443051　　传真：64439708
网　址：www.oveaschin.com
e-mail：oveaschin@sina.com

前言 PREFACE

　　低调是一种更优雅的人生态度！理想有时是高昂的，但生存必须低调。即使你处在高峰之顶，也不应该忘记自己俯首帖耳的时候，即使你拥有横扫八面的力量，也难免有向隅而泣的悲伤时刻。

　　在秦始皇陵兵马俑博物馆，至今已经出土清理各种陶俑一千多尊。有一尊被称为"镇馆之宝"的跪射俑，除跪射俑外，其他陶俑皆有不同程度的损坏，而这尊跪射俑是保存最完整的，是唯一一尊未经人工修复的。仔细观察这尊跪射俑，就连衣纹、发丝都还清晰可见。

　　跪射俑何以能保存得如此完整？导游说，这得益于它的低姿态。首先，跪射俑身高只有1.2米，而普通立姿兵马俑的身高都在1.8～1.97米之间。兵马俑坑都是地下坑道式土木结构建筑，当棚顶塌陷、土木俱下时，高大的立姿俑首当其冲，低姿的跪射俑受损害就小一些。其次，跪射俑作蹲跪姿，右膝、右足、左足三个支点呈等腰三角形支撑着上体，重心在下，增强了稳定性，与两足站立的立姿俑相比，不容易倾倒、破碎。因此，在经历了两千多年的岁月风霜后，它依然能完整地呈现在我们面前。

　　我们做人亦应如此，保持一种低姿态，这绝不是懦弱和畏缩，而是一种聪明的处世之道，是人生的大智慧、大境界。跪射俑之所以可以保存得如此完整，就在于它的低姿态。事实上，那些看似愚笨的人未必呆傻。那些真正的聪明人，往往低调得让你"轻视"，殊不知，他们的心比任何人都要清醒、都要高明，入世的大智者大抵如此。

低调还是一种博大的胸怀、超然洒脱的态度，也是人类个性最高的境界之一。一般说来，低调的人比较宽容，当然，他们也有自己的观点或做法。但是，他们在坚持自己观念的同时，也会尊重别人的选择，给予别人自由思考和生存的权利。有品位的人不一定低调，有内涵的人也不一定低调，成熟的人也可以不低调。但是，低调的人，一定是更有品位，更有内涵，也更成熟。

我们做人不能太过张扬，纵然你资质卓绝，才高八斗，也不宜锋芒毕露，不妨装得笨拙一点。很多事情，即便我们心中非常清楚，也没有必要过于表现，最好用谦虚来收敛自己，所以我们务必要使自己随和一些。当我们的能力得到赏识时，切不可过于激进，而应以退为进。若能做到这些，你大抵可以安身立命、高枕无忧了。

编者

目录 | CONTENTS

第一章 人生低调：高山不语，静水深流

世事莫测，人生自是羁绊重重，没有人可以完全躲开逆境、坎坷与挫折。逆境往往是峰回路转、否极泰来的前奏，而成功则大多是艰苦耕耘的收获。一个人若想在人生之中有所建树，就必须要学会伏藏自己，忍受人生的挫折与坎坷，从而在时机到来之时，突破逆境、化茧成蝶。

目标要有个"度" …………………………………………… 2
平常心是道 ………………………………………………… 4
认清你自己 ………………………………………………… 5
不要这山望着那山高 ……………………………………… 7
不过就是普通人 …………………………………………… 8
人应该知道自己的无知 …………………………………… 10
成事需谦逊 ………………………………………………… 11
人要量力而行 ……………………………………………… 13
好高骛远反不能"远" …………………………………… 15
傲慢是无知 ………………………………………………… 16
巨人的低调 ………………………………………………… 17

以往的成绩能证明什么 ·· 19
高文凭不是炫耀的资本 ·· 20
让谦卑成全你 ·· 21
安贫乐道 ·· 23

第二章　话语低调：谨言慎语，取容当世

人们习惯以"怎么说话"来评判一个初次见面的人，长时间相处后，人们便更多地以"说什么话"及说之后的作用来评判一个人。所以，"说话"不是词藻的简单堆砌，而是一个人思想境界和处世态度的具体体现。要想做一个让人尊敬的人，首先就得先学会以低调的方式说话。

谨言慎语，取容当世 ·· 26
说话不能太绝对 ·· 27
请放下架子说话 ·· 29
口出狂言要不得 ·· 30
话不出格 ·· 31
学会倾听 ·· 32
不以揭短为乐 ·· 33
不可伤人自尊 ·· 35
失意人前不说得意话 ·· 36
改掉"抬杠"的毛病 ·· 37
矛盾面前要淡定 ·· 38
别将对方逼入死角 ·· 40
感谢的话不可少 ·· 41
激发他人的高尚意识 ·· 42

模糊表态 ……………………………………………… 43
话说三分 ……………………………………………… 45

第三章 入世低调：狷狂必忍，虚怀若谷

谦卑是一种智慧，是一种良好的品格，同时也是一种低调的处世策略。任何人都不会对骄傲与狂妄之人产生好印象，更不愿与他们交往，为此，一个懂得谦逊的人，才能赢得人们的尊重，受到人们的欢迎，并构建起良好的人脉。

狷狂必忍，否则害人害己 …………………………… 48
锋芒——祸之源 ……………………………………… 49
韬光养晦，明哲保身 ………………………………… 50
隐藏你的优越感 ……………………………………… 51
从"自我"的圈子中跳出来 ………………………… 53
学会"求人" ………………………………………… 54
从谏如流 ……………………………………………… 55
为对手付出 …………………………………………… 57
韩信能忍跨下辱，登台拜将把名标 ………………… 58
不战而屈人之兵 ……………………………………… 59
低调不是低沉 ………………………………………… 61
善者不争 ……………………………………………… 62
自知者明 ……………………………………………… 63
知之为知之，不知为不知 …………………………… 64
把自己放低一些 ……………………………………… 65

第四章　姿态低调：素位而行，华而不炫

所谓"静水深流"，简单地说来就是我们看到的水平面常常给人以平静的感觉，可这水底下究竟是什么样子却没有人能够知道，或许是一片碧绿静水，也或许是一个暗流涌动的世界。无论怎样，其表面都不动声色，一片宁静。大海以此向我们揭示了"贵而不显，华而不炫"的道理，也就是说，一个人在面对荣华富贵、功名利禄的时候，要表现得低调，不可炫耀和张扬。

虚己者进德之基 ………………………………………………… 68
富贵不能淫 ……………………………………………………… 69
一粥一饭来之不易 ……………………………………………… 70
步步为营才能步步高 …………………………………………… 71
别太把自己当回事儿 …………………………………………… 73
穿别人的鞋子 …………………………………………………… 74
施恩勿张扬 ……………………………………………………… 75
为富不能不仁 …………………………………………………… 76
被微笑拯救的生命 ……………………………………………… 77
让对方的拳头打在棉花上 ……………………………………… 79
护弱者自强 ……………………………………………………… 80
只因"狂"字惹得 ……………………………………………… 82
尊重人生中的每一位观众 ……………………………………… 83
以貌取人，智者不为 …………………………………………… 85
善恶终有报 ……………………………………………………… 86

富贵不忘行善 ……………………………………… 87
尺有所短，寸有所长 ……………………………… 88
平常心看缺陷 ……………………………………… 90
素位而行，安分守己 ……………………………… 91

第五章　行为低调：可进可退，顺势而动

人生如棋，一味冲撞的是阵前卒子，动辄倾尽身家性命。唯有将帅之风者才明白做事需要低调，知道何时该冲锋陷阵，何时该韬光养晦。做事需知过刚则易折，骄矜则招祸，应以忍辱柔和为妙方，刚柔并济，进退有度。

太清高不利于处世 ………………………………… 94
曲己方能保身 ……………………………………… 95
忍一时为妙 ………………………………………… 96
得饶人处且饶人 …………………………………… 97
能行忍者，乃可名为有力大人 …………………… 99
争一世者不争一时 ………………………………… 100
压住心头火 ………………………………………… 101
顺势低头，以情动人 ……………………………… 103
藏而不露，以待时机 ……………………………… 104
让"他"做主 ……………………………………… 105
不放低怎登高 ……………………………………… 106
吃得苦中苦，方为人上人 ………………………… 107
在低谷中寻找机遇 ………………………………… 109

5

第六章　做事低调：能屈能伸，明哲保身

水无常形，随容器而变化千般，但水的本质并不会因此而改变。我们做事不可不学水的柔韧、圆润。其实，这世界上本无绝对公平之事，我们与其抱怨它的弊端，莫不如改变自己来适应它，这种能屈能伸的低调，才是明哲保身之道。

盈则损，直则折	112
言语要迟钝，行动要迅速	113
性有巧拙，可以伏藏	115
收起虚荣心	117
"险"中蛰伏，谋定后动	118
职场越位——危险	120
做个"温顺"之人	121
在忍耐中发迹	122
太刚直者难当大事	124
给予别人足够的尊重	125
记住自己的身份	126
居功不自傲	128
把握一个"度"	129
近水楼台未必先得月	130
凡事但留一丝人情在	131
主动消除误会	133
"罚酒"、"敬酒"一起敬	134

推己及人 ……………………………………………… 135
廉以养德 ……………………………………………… 137

第七章 态度低调：事无巨细，勤奋务实

"冰冻三尺，非一日之寒"，成功不是骤然降临的，而是由点点滴滴的细微的成就凝聚而成的。只有做好人生中的每一件小事，才会取得比别人更优异的成绩。所以，抓紧时间做好你手边的每一件事，是走向成功的必经之路。

一屋不扫，何以扫天下 ……………………………… 140
千里之堤，毁于蚁穴 ………………………………… 141
小事见功夫 …………………………………………… 142
对自己负责 …………………………………………… 143
付出和收获成正比 …………………………………… 144
成功都是用汗水浸泡出来的 ………………………… 145
抱怨不如行动 ………………………………………… 148
学无止境，才无满时 ………………………………… 149
多做一点便多得一点 ………………………………… 150
自动自觉而不是后知后觉 …………………………… 151
做好手边的每一件事 ………………………………… 153
继续走完下一里路 …………………………………… 154
责任感是成功者的必备品质 ………………………… 156
尽职尽责，善始善终 ………………………………… 157
最后一条裤子 ………………………………………… 159

多才多艺不如专精一门 …………………………………… 161
一次只做一件事 ………………………………………… 162
受挫自省，方能厚积薄发 ……………………………… 163
要做就做最好 …………………………………………… 165

第八章　情怀低调：淡泊名利，任心清净

静，是修身养性的重要原则，静如止水才能排除私心杂念，无欲无求，心平气和。水中月、镜中花不足为依，虚幻的东西不应以为动。情欲物欲到头来终是一场空，故心境宜静，意念宜修，心地常空，不为欲动，宁静以致远，淡泊以明志。这时的心便是一尘不染的明镜，无邪念袭来，映人之本性。

盛名之下，其实难负 ……………………………………… 168
淡看名与利 ………………………………………………… 169
馒头与点心没什么两样 …………………………………… 170
富贵之下，你快乐吗 ……………………………………… 171
一念之私，坏了一生 ……………………………………… 172
利字当头，同室操戈 ……………………………………… 175
恪守道德，甘于清贫 ……………………………………… 178
不要无止境地求名 ………………………………………… 179
勿为名利所累 ……………………………………………… 180
成功在不经意间 …………………………………………… 182
琐事枉生烦恼 ……………………………………………… 183
人对了，世界就对了 ……………………………………… 184

| 目 录 | CONTENTS |

只要"柴刀"还在 …………………………… 185
心静智慧升 ………………………………… 187
摒除妄念 …………………………………… 188
浮躁是人生的大敌 ………………………… 189
为何不回头看一眼 ………………………… 191
世上本无事,庸人自扰之 ………………… 192
让生活多一点休闲 ………………………… 193
还心清净 …………………………………… 195
感悟平凡 …………………………………… 196

第九章 心态低调:诸善奉行,盛德若愚

在自由社会,善良、包容是我们重要的护身符,也是社会成熟度和个人素质高的表现。心态低调,诸善奉行,盛德若愚则说明这个人拥有常人没有的品质和德行。文明社会,正是通过爱与包容给表达自由留下空间。也只有有了那个空间,才会体现低调的心态,才会有真正的文明。

善恶无分轻重 ……………………………… 200
爱如冬日暖阳 ……………………………… 201
怀着爱心吃"菜" ………………………… 202
超越善恶 …………………………………… 204
诸恶莫作 …………………………………… 205
忍字高 ……………………………………… 206
"司马牛"与"拗相公" ………………… 207
用宽恕化解仇恨 …………………………… 209

冤冤相报何时了 …………………………………………… 210
理易清，仇则易乱 …………………………………………… 211
容，则能和 …………………………………………………… 212
毒药只在你心里 ……………………………………………… 214
大巧若拙 ……………………………………………………… 216
不相疑才能长相知 …………………………………………… 218
天地悠悠，顺其自然 ………………………………………… 219
帝范 …………………………………………………………… 220
善应出于至诚 ………………………………………………… 221
众生平等 ……………………………………………………… 223
共同弹奏一曲和谐的乐章 …………………………………… 225

第一章
人生低调：高山不语，静水深流

世事莫测，人生自是羁绊重重，没有人可以完全躲开逆境、坎坷与挫折。逆境往往是峰回路转、否极泰来的前奏，而成功则大多是艰苦耕耘的收获。一个人若想在人生之中有所建树，就必须要学会伏藏自己，忍受人生的挫折与坎坷，从而在时机到来之时，突破逆境、化茧成蝶。

目标要有个"度"

人生与登山无异，如果你一直将目光锁在最高目标上，企图一步登顶，其结果往往会适得其反，最终折戟沉沙、万劫不复。

有一位名叫齐克的年轻人，他在18岁时，已与同伴一起登上了堪称"欧洲第一高峰"的"勃朗峰"。此后，他们毫不停歇，先后登上9座海拔在4000米以上的欧洲高峰。此时，欧洲已经不能满足他们的攀登欲望，于是，这群小伙子将目标锁定在了世界第一高峰——珠穆朗玛峰之上。

攀登珠穆朗玛峰要走很多程序，首先要有签证，其次还要到相关部门申请批文，而且审核人员对登山运动员的条件要求也相当"苛刻"。于是，齐克只得向自己的父亲——一位国际登山者协会的常务理事求助。他在信中对父亲说道："身为一名登山运动员，若没有征服珠穆朗玛峰，就永远不能说是成功。"

不久，父亲即回信给齐克，他在信中讲述了"贝纳尔巧答卢浮宫失火竞猜题"的故事。看着父亲的回信，齐克沉思良久，他体会到了父亲的良苦用心。父亲是想提醒他——获得成功的最佳目标，不一定是最有价值的那个，而是最容易实现的那个。

在经过理智、客观的分析以后，齐克不得不承认，以他们现在的装备和素质要去征服珠峰，确实是激情大于实力，失望大于希望。既然如

第一章
人生低调：高山不语，静水深流

此，与其徒劳无功，不如脚踏实地地从最容易实现的目标开始。于是，齐克对其他3名队友说道："一口气吃不成个胖子，现在我们不一定非要一步登天，不如先尝试征服乞力马扎罗山。"

对此，3个队友嗤之以鼻，他们鄙视齐克，认为他是"胆小鬼"、"鼠目寸光"、"胸无大志"的人。结果，大家始终没有达成共识，最终不欢而散、各奔东西。

在此后几年的时间里，齐克一直谨遵父亲教导，以自身实力为标准，从最容易实现的目标开始。他先后登上了海拔5895米及6893米的乞力马扎罗山和盐泉山，凭借不俗的成绩，被国际登山者协会吸纳为理事会员，并受到国家登山队邀请，担任副教练一职。

2008年初，齐克再一次打破了自己的成绩，他在不配备后援人员的情况下，成功征服了第七高峰——海拔8172米的道拉吉里峰。

归家后，齐克随手拿起放在桌上的报纸，报纸上大幅刊载着有关他此次登山的图文报导。齐克对此早已司空见惯，但是报纸上的另一则消息却令他顿时呆若木鸡——"在齐克征服道拉吉里峰的同时，另3名登山队员，在珠穆朗玛峰海拔8300米处失足坠崖，不幸罹难，他们的名字是……"他们，正是齐克以前的3名队友……

2008年6月，齐克迎来了他实现梦想的日子，他来到珠穆朗玛峰脚下，凭借多年来积累的娴熟技巧及丰富经验，一步步攀到了海拔8844.43米处。傲立在珠峰之上，齐克感慨万千，此时他不禁想起了葬身峰底的队友——他一度是他们眼中的"胆小鬼"，是"鼠目寸光"、"胸无大志"的人，但今天，他却站在了他们所未能达到的高度之上。

平常心是道

青山不语，自是一种高远，些许丘壑又岂能阻断人们仰视它的目光？大海不语，自是一种广阔，容纳百川的肚量任谁不去艳羡？做人，若能秉持一颗平常心，胜不骄，败不馁，就一定能够在人生的舞台上挥洒自如。

有一位女施主，家境非常富裕，不论其财富、地位、能力、权力及漂亮的外表，都没有人能够比得上她，但她却郁郁寡欢，连个谈心的人也没有。于是她就去请教无德禅师，如何才能具有魅力，以赢得别人的欢喜。

无德禅师告诉她道："你能随时随地和各种人合作，并具有和佛一样的慈悲胸怀，讲些禅话，听些禅音，做些禅事，用些禅心，那你就能成为有魅力的人。"

女施主听后，问道："禅话怎么讲呢？"

无德禅师道："禅话，就是说欢喜的话，说真实的话，说谦虚的话，说利人的话。"

女施主又问道："禅音怎么听呢？"

无德禅师道："禅音就是化一切声音为美妙的声音，把辱骂的声音转为慈悲的声音，把毁谤的声音转为帮助的声音，哭声闹声、粗鲁的声音、丑陋的声音，你都能不介意，那就是禅音了。"

女施主再问道："禅事怎么做呢？"

第一章
人生低调：高山不语，静水深流

无德禅师道："禅事就是布施的事，慈善的事，服务的事。"

女施主更进一步问道："禅心是什么呢？"

无德禅师道："禅心就是你我一如的心，圣凡一致的心，包容一切的心，普度一切的心。"

女施主听后，一改从前的骄气，在人前不再夸耀自己的财富，不再自恃自己的美丽，对人总是谦恭有礼，对眷属尤能体恤关怀，不久就拥有了许多人的友谊。

"平常心"是一种道理，一种智慧，一种思维方式。现代这个快节奏的社会，更需要我们时常审视自己。只要你能时刻保持一颗平常心，你就能够活得很坦然、很快乐。

认清你自己

一个人，只有客观地看待自己，才能对事物做出准确的判断。反之，若是脱离基本事实、过高或过低地评估自己，为自己确立一个不合实际的定位，就只能重复着错误的选择，到头来自食苦果。

某日清晨，一只小山羊来到栅栏外，它想吃园内的白菜，可缝隙太小它根本无法进入。这时，它不经意间瞥见了自己的影子，在阳光的斜射下，它的影子显得很长、很长……

"原来我竟如此高大，何必非要吃这白菜呢？我可以去吃树上的果子。"

小山羊奔向远方的一片果园，尚未到达目的地，日已近午，阳光照在头上，它的影子缩成了很小的一团。

"唉，我这么矮小，看来是没法吃到果子了，不如回去吃白菜吧。"但片刻之后，它又转悲为喜："我现在这么苗条，钻进栅栏肯定不成问题！"

待回到栅栏外时，日已偏西，小山羊的影子再度被拉长。

"我为什么要回来？我不比长颈鹿矮，吃树上的果子毫不费力！"

就这样，小山羊往返于果园和栅栏之间，直至天黑仍然饿着肚子……

据说，在古希腊神庙的墙壁上，刻有这样一句箴言——"认清你自己"。在中国，同样有一句古话"人贵在有自知之明"。由此可见，早在几千年以前，先辈们就已经达成共识，将"认清自己"视为人类的最高智慧了。

其实，人们有时觉得生活不痛快，很大程度上是因为他们错误地看高或看低了自己。比如我们身材并不苗条，硬要穿一条非常流行的瘦裤子，即便我们费好大劲儿穿上了，结果也会可想而知——由于裤子太瘦，我们将要受到强力地包裹，不舒服是自然的；这种形象矗立在别人面前，带来的自然也不会是羡慕的眼光。难道我们就没有静心想想，这样做又是何苦呢？

我们不比任何人高贵，也不比任何人低贱；不比任何人多什么，也不比任何人少什么，我们就是我们，我们每个人都是这个世界上的唯一。别人有别人的生活方式，我们有我们的生活方式，如果硬要"大脚穿小鞋"，或者"小脚穿大鞋"，那只能是自讨苦吃、自找没趣。

| 第一章 |

人生低调：高山不语，静水深流

不要这山望着那山高

有的人急功近利，希望在有限的时间里，同时完成几件事。但毕竟条件有限，这么做恐怕不能如愿。

大学毕业后，聪明漂亮的谷雨决心在北京扎根并做出一番事业来。她的专业是服装设计，本来毕业时是和一家著名的服装企业签了工作意向的，但由于那家企业在外地，谷雨经过考虑没有去。如果去了，谷雨就会受到系统的专业学习和锻炼，并将一直沿着服装设计的路子走下去。可是一想到会几十年在一个不变的环境里工作，可能会永远没有出头之日，这点让谷雨彻底断绝了去那里的念头。她在北京找了几家做服装的公司，可大公司不愿意要没有经验的学生，小公司的条件又让谷雨看不上，无奈只有转行，她到一家贸易公司做了市场营销。

一段时间以后，由于业绩迟迟得不到提高，谷雨感到身心疲惫，对工作产生了厌倦。心气很高的她感到还是自己干更好，于是联系了几个同学一起做服装生意。本以为自己科班出身，做服装生意有优势，可是服装销售和服装设计毕竟不是一回事，不到半年，生意亏本不说，同学间也因为利益不均闹得不欢而散。

无奈，谷雨只好再找地方打工，挣了钱用于还债。由于对工作环境的不满意，谷雨又换过几个地方，几年下来，她感到几乎找不到自己前进的方向了。她的专业知识忘得差不多了，由于没有实践经验，再想到服装行业做已经很难了。她的经历倒是很丰富，跨了几个行业，可是没有一段经历能称得上成功……现实的残酷使谷雨陷入很尴尬的境地，这是她当初无论如何都没有想到的。

像谷雨这样不满足于现状的人总是希望命运能青睐自己，给予自己更多的赏赐。他们怀有"分金恨不得玉、封公怨不授侯"的心理，往往对未知的事物存在很多幻想，对身处环境的不足则盲目夸大，不想去适应环境，而是尽量选择逃避。他们一方面对适应环境缺乏足够的自信，另一方面却坚信自己能找到比现在的环境更优越的地方。这种以幻想为主导的思想指导下的行为，其结果就可想而知了。许多朋友在陷入这种心理状态后，经常会被美好的前景所诱惑，就像只看到对面山上青草绿地的小牛，而忽视了脚下的这片青草，有时候他们也经过一番思想斗争，但最终是以美好幻想的破灭而告终。

不过就是普通人

一个人最难能可贵的是知道自己真正需要什么、追求什么——正确地做出自己的选择，不为那些世俗的观念所困惑，做适合自己的，而不是自己最想做的。

从前，有个老铁匠，临死前将两个儿子叫到床前，对他们说："我打了一辈子铁，现在即将离开人世了，我没有什么东西留给你们的，只有两块我收藏已久的上等玄铁……"话还没说完，老铁匠就咽了气。

在老铁匠的两个儿子中，老大身材魁梧、天生力大，喜欢舞枪弄剑；老二却瘦小孱弱，喜欢钻研一些针头线脑的小玩意儿。

老铁匠死后，这两个儿子便按照自己的喜好，将得到的玄铁利用上了。老大用它那块玄铁打了一把宝剑，每天都刻苦练剑，下了不少的功

第一章

人生低调：高山不语，静水深流

夫。老二却用那块儿玄铁打造了几把锥子，出门摆摊给人缝缝补补，赚点小钱补贴家用。

哥哥见弟弟安于现状，不思进取很不高兴，便对弟弟说："玄铁本来就是打造宝剑的上等原料，而你却将它打造成了几把破锥子。你想想看，我今后可以利用这把宝剑建功立业，而你却只能用这几把破锥子维持生计，真是目光如鼠呀。"弟弟听了既没有生气也没有反驳，依然埋头做活儿。

不久，异国入侵，老大背着宝剑毅然投军走上了战场。在千里边疆，老大仗着多年苦心练出的好武艺挥剑劈敌无数，立下了赫赫战功。

平定叛乱之后，老大得到了皇帝的赏识，加官晋爵、荣华富贵自不必言。

老二的妻子见了，便埋怨丈夫说："当初，你若将那块玄铁也铸成了宝剑，也不至于生活得像今天如此贫穷了！"可是老二却说："我天生就是做小本生意的命，你让我挺剑上战场，岂不是白白送死！"

没过两年，朝中的一些奸臣便看不惯一介武夫的老大身居高位，于是便向皇帝屡进谗言陷害于他，而皇帝也觉得天下太平了，犯不着为了一个武将而惹得众臣不悦，于是打发老大回老家去了。

回到家乡的老大，尽管有一身好剑法，可是英雄无用武之地，还得靠瘦小的弟弟用锥子替别人干活挣两个小钱来维持生活，他不由地感叹："你的锥子还能做针线活儿，我这把剑能干什么呢？真是中看不中用，还不如一块废铁。"

我们很多人不也像这位哥哥一样？总认为自己并非凡人，要创造奇迹，看不起平淡的人生。然而，现实却告诉我们，大部分人根本不是那种一呼百应的英雄，而只是个普通得不能再普通的人。

人应该知道自己的无知

无论是谁，他所掌握的，都只是知识海洋里微乎其微的一小部分。然而在现实中，能够认识到这一点的人却很少，以致希腊著名喜剧家阿里斯托芬的弟子阿里斯塔克说："从前，全希腊仅有7位智者，因为只有他们才知道自己的无知。而当前，要找出7个自知无知的人却很不容易。"

有一天，苏格拉底遇到一位年轻人正在宣讲"美德"，苏格拉底便装作无知者的模样，向年轻人请教说："请问，什么是美德呢？"

那位年轻人不屑地答道："这么简单的问题你都不懂？告诉你吧——不偷盗、不欺骗之类的品行就是美德。"

苏格拉底继续装作不解地问："难道不偷盗就是美德吗？"

年轻人肯定地答道："那当然啦！偷盗肯定是一种恶德。"

苏格拉底始终不紧不慢地说："我在军队当兵的时候，记得有一次，我接受指挥官的命令，深夜潜入敌人的营地，把他们的兵力部署图偷出来了。请问，我的这种行为是美德还是恶德？"

那位年轻人犹豫了一下，辩解道："偷盗敌人的东西当然是美德。我刚才说的'不偷盗'，是指'不偷盗朋友的东西'，偷盗朋友的东西，那肯定是恶德！"

苏格拉底又说："还有一次，我的一位好朋友遭到了天灾人祸的双重打击，他对生活绝望了，于是买来一把尖刀，藏在枕头下边，准备夜深人静的时候，用它结束自己的生命。我得知了这个消息，便在傍晚时

| 第一章 |

人生低调：高山不语，静水深流

分溜进他的卧室，把那把尖刀偷了出来，使他免于一死。请问，我的这种行为究竟是美德还是恶德？"

终于那位年轻人认识到自己的无知，承认自己在"美德"这个问题上只不过接受了传统的见解，而没有深入地进行思考。

苏格拉底提出"人应该知道自己的无知"，意思是说，人类所具有的聪明智慧，其实是微不足道的；许多自以为有智慧的人，实际上并没有多少智慧。每个人都必须认识到这一点，时刻提醒自己，千万不要以"智者"自居。真正有学识的人尚且觉得自己无知，更何况经历尚浅的人呢。

浅薄的人总以为自己天上地下无所不知，而富有智慧的哲人和有成就的人都会认为学海无涯，知识的海洋是无穷无尽的。伟大的物理学家牛顿也曾有感于此，他说，他只不过是一个在大海边拾到几只贝壳的孩子，而真理的大海他还未曾接触。

成事需谦逊

江河之所以能纳百涧之水，就是因为身处低处。做人也应如此，只有将自己放低，才能吸纳别人的智慧和经验。

一个满怀失望的年轻人千里迢迢来到法门寺，对住持释圆说："我一心一意要学丹青，但至今没有找到一个能令我满意的老师。"

释圆笑笑问："你走南闯北十几年，真没能找到一个自己的老师吗？"

年轻人深深叹了口气说："许多人都是徒有虚名啊，我见过他们的画帧，有的画技甚至不如我。"

释圆听了，淡淡一笑说："老僧虽然不懂丹青，但也颇爱收集一些名家精品。既然施主的画技不比那些名家逊色，就烦请施主为老僧留下一幅墨宝吧。"说着，便吩咐一个小和尚拿了笔墨纸砚来。

释圆说："老僧的最大嗜好，就是爱品茗饮茶，尤其喜爱那些造型流畅的古朴茶具。施主可否为我画一个茶杯和一个茶壶？"

年轻人听了，说："这还不容易？"

于是调了一砚浓墨，铺开宣纸，寥寥数笔，就画出一个倾斜的水壶和一个造型典雅的茶杯。那水壶的壶嘴正徐徐吐出一脉茶，注入到了茶杯中。年轻人问释圆："这幅画您满意吗？"

释圆微微一笑，摇了摇头。

释圆说："你画得确实不错，只是把茶壶和茶杯放错位置了。应该是茶杯在上，茶壶在下呀。"

年轻人听了，笑道："大师为何如此糊涂，哪有茶壶往茶杯里注水，而茶杯在上茶壶在下的？"

释圆听了，又微微一笑说："原来你懂得这个道理啊！你渴望自己的杯子里能注入那些丹青高手的香茗，但你总把自己的杯子放得比那些茶壶还要高，香茗怎么能注入你的杯子里呢？"

年轻人顿时醒悟。

虚怀若谷是一种自谦，然而很多人却缺乏这种自谦，尤其是一些稍有点成就的"人物"。他们中很少有人会说：全凭机遇好，才得以享此地位荣誉。或者，即使口头谦虚，那心中的"尾巴"，却早已翘到天上去了。这些人往往是粗俗浅显、无大智慧之人，自然无所建树。

第一章

人生低调：高山不语，静水深流

人要量力而行

做人，一定要知道自己的底牌，一定要为自己确立一个符合实际的目标，这样，人的勇气不易受挫，才会激发出更大的兴趣和热情。长此以往，循序渐进，你的人生一定会走得更稳。

远古时候，在北方荒野中，耸立着一座巍峨雄伟、高耸入云的大山。山林深处，生活着一群勇猛彪悍、力大无穷的巨人。

这群巨人的的首领，就是幽冥之神"后土"的孙子、"信"的儿子夸父，所以这群人就被称为"夸父族"。夸父族的部落成员个个高大魁梧，身强力壮，而且意志坚强，气概非凡。尤其是首领夸父，更是具有惊天地泣鬼神的神力。他们在古林之中过着日出而作、日入而息，与世无争，逍遥自在的生活。

那时候，大地洪荒一片，猛兽毒物横行霸道，夸父族的人们生活非常凄苦。夸父为了保证本部落的繁衍生息，每天率领众人与上古猛兽厮杀、搏斗，令百兽闻风丧胆。

久而久之，夸父渐生傲气，他不再认为这是一种艰苦的战斗，而将其当做由自己主宰的捕杀游戏。他常常将捉到的凶恶黄蛇，挂在自己的两只耳朵上作为装饰，抓在手中挥舞，以此来彰显自己的英雄气概。此时的夸父俨然将自己当成了天地间唯一的英雄，在他心里，似乎没有什么事情是办不到的。

有一年夏天，夸父族所住的地方天气异常炎热、干旱，火辣辣的太阳直射大地，土地龟裂、河流枯竭，飞禽走兽渴死无数，幸存者纷纷迁徙到别处。夸父族人舍不得自己一手开创的家园，于是在太阳的炙烤下，不时有人死去。

夸父看到这种情景，并没有带领大家迁移到水泽尚存的地区，而是仰头望着太阳，告诉族人："太阳实在是太可恶了，我要追上太阳，捉住它，让它听我们的指挥！"族人听后纷纷劝阻。

有人说："首领，你千万不要去呀，太阳离我们那么远，一定会把你累死的。"

有人说："首领，太阳那么热，你会被烤死的。"

但此时夸父心意已决，不捉住太阳誓不罢休。

那日，太阳刚刚从东方升起，夸父便告别族人，满怀雄心壮志，从东海边上向着太阳升起的方向，迈开大步狂奔而去。

太阳在空中飞快移动，夸父在地上如疾风般奔袭，他越过千山万水，眼看离太阳越来越近，夸父的信心暴涨。然而夸父没有注意到，自己越是接近太阳，口中就渴得越厉害，已经不仅仅是依靠捧河水就可以止渴的了。

经过九天九夜的奔袭，在太阳落山的地方，夸父终于追上了太阳。

红彤彤、热辣辣的火球，就在夸父眼前、在他的头上，射出万道金光。

夸父激动无比，他成功了，他又一次证明了自己的伟大。他霸道地张开双臂，欲将太阳揽入怀中，可是太阳炽热异常，夸父感到干渴至极。他转身跑到黄河边，一口气将黄河水喝干；他又跑到渭河边，同样将渭河水喝光，但仍难解干渴之情。

夸父又向北方跑去，那里有延绵千里的大泽，大泽中的水足够他解渴。

但是，夸父还没有跑到大泽，就在半路上渴死了。

夸父临死之时，心中充满遗憾，他牵挂着自己的族人……

| 第一章 |

人生低调：高山不语，静水深流

常言道："没有金刚钻，不揽瓷器活。""人有多大劲，就出多大力。"其意无非是告诫人们要量力而行。固然，勉强去做，或许能够获得意外的收获，但其几率实在是小之又小，"勉强"的结果往往是失败，而失败不但会折损自己的斗志，又常常招致他人的嘲笑。

诚然，每个人都希望自己有所建树，但一定要量力而行。量力而行，能够将自己的损失降到最低，同时又可以在理性的观察中，掌握环境发展的趋势，待东风起时，便可以脱颖而出。

好高骛远反不能"远"

脱离了现实便只能生活在虚幻之中，脱离了自身便只能见到一个无限夸大的目标。不能脚踏实地，只能在空中飘着，那所有的远大目标也只不过是海市蜃楼。

张爽大学毕业后，被分配到一家电影制片厂担任助理影片剪辑。这本来是一个人在影视界寻求发展的起点，但在10个月后，她却离开了这个岗位，辞职了。

她认为自己这样做的理由很充分：堂堂一个大学毕业生，受过多年的高等教育，却在干一个小学毕业生都能干的事情，把宝贵时光耗费在贴标签、编号、跑腿、保持影片整洁等琐事上面。这怎能不使她感到委屈呢？她有一种上当受骗的感觉，更有一种对不起自己的感觉。

几年后，当张爽看到电视上打出的演职员表名单时，竟然发现以前的同事，有的现在已经成为著名的导演，有的已经成为制作人。此时，她的心中十分不是滋味。

张爽并未看到平凡岗位上的非凡意义，所以她的辞职实际上是自己关闭了在影视界闯出一番事业的大门。大量事实告诉我们，如果谁好高骛远，那就在人生操作上犯了一个大错误。不要以为可以不经过程而直奔终点，不从卑俗而直达高雅，舍弃细小而直达广大，跳过近前而直达远方。心性高傲、目标远大固然不错，但有了目标，还要为目标付出努力，如果你只空怀大志，而不愿为理想的实现付出辛勤劳动，那"理想"永远只能是空中楼阁，是一文不值的东西。

其实，人生的成功与做人的姿态，就像车身与车轮一样，如果你不让车轮着地，汽车就永远不可能驶向远方。

傲慢是无知

大千世界，众生百态。生活中不乏这样的人：他们骄傲而自负，总觉得自己高人一等，常常表现出冷漠且盛气凌人的表情，行为上喜欢独来独往，不爱理睬别人。这样的人看起来似乎很"潇洒"。其实，他们根本不懂人情世故或完全轻视、忽略人情世故，他们常常遭到别人的反感和疏远，其结果往往是处处碰壁、寸步难行。

相传南宋时江西有一名士傲慢之极，凡人不理。一次他提出要与大诗人杨万里会一会。杨万里谦和地表示欢迎，并提出希望他能给自己带一点江西的名产配盐幽菽来。名士见到杨万里后开口就说：请先生原谅，我读书人实在不知配盐幽菽是什么乡间之物，无法带来。杨万里则不慌不忙地从书架上拿下一本《韵略》，翻开当中一页递给名士，只见书上写着"豉，配盐幽菽也"。

第一章

人生低调：高山不语，静水深流

原来杨万里让他带的就是家庭日常食用的豆豉啊！此时名士面红耳赤，方恨自己读书太少，后悔自己为人不该太傲慢。

傲慢是粗俗。它哗众取宠、盛气凌人，往往摆出"趾高气扬，不可一世"的俗态。

傲慢是无知。它庸俗浅薄，狭隘偏见，表现出夜郎自大的心态，是虚荣和一知半解的结合。

傲慢是愚蠢。它故作高深，附庸风雅，其实是井底之蛙的仰望，是矫揉造作的不高明的表演。

傲慢是自负。它会使人觉得难于接近，只得敬而远之，或避而躲之。

一般来说，越是才学丰富见多识广的人就会越谦虚；文化越低，气量越小的人就会越傲慢。被奉为千古宗师的孔子说过这样的话："不要强不知以为知，要知之为知之，不知为不知。"莫忘三人行必有我师，谦逊的态度会使人感到亲切，傲慢则往往会使自己感到难堪。

巨人的低调

事实上，越是有涵养、有深度的成功人士，其做人的态度就越为谦虚。反之，那些浅薄无知的人，则往往会因为一点点成绩而骄傲自大，目空一切。

在姚明的新秀赛季，曾出现这样一则轶事：

当时，NBA名宿巴克利在一次脱口秀节目中与主持人史密斯打赌，如果休斯顿火箭队的中国小巨人姚明，能够在一场比赛中拿下19分，他就亲吻史密斯的臀部。依姚明当时的数据看来，巴克利似乎稳操胜券，因为姚明在此之前的6场比赛中，平均每场只拿到3.3分，即便在最出彩的、与太阳队的比赛中，小巨人也不过拿到10而已。但仅仅过了两个晚上，姚明就让巴克利的口不择言付出了代价。

8天后，姚明在与洛杉矶湖人队的一次交锋中，一举拿下20分，不仅证明了自己的实力，同时也给了巴克利极大的教训。后者表示，他会履行自己的诺言，在"巴克利脱口秀"节目中，当着全国观众的面亲吻史密斯的屁股。不过，由于史密斯不愿意在全国观众面前暴露自己的臀部，同时也是为了给老搭档一个台阶下，遂改牵来一头驴作为自己的替身，而巴克利也言出必行地凑上去，亲吻了这只驴的屁股。

然而，对于这带有轻视、侮辱性质的赌注，事情的另一主角——姚明却毫不在意，他向记者表示，自己只把这当成西方式的幽默，他笑着说："那好，我就拿18分算了。"中国小巨人的宽容与低调情怀由此可见一斑。

得益于谦逊、低调的性格以及踏实奋进的态度，姚明在NBA打得风生水起。2007年12月30日，在对战猛龙队的比赛中，由于核心人物麦迪缺阵，所以对方针对姚明采取了包夹战术，导致小巨人的发挥受到了很大干扰，整个上半场，他8投2中，仅得到了8分6个篮板。易地再战，姚明开始调整自己的状态，虽然饱受失误和犯规困扰，但信心与斗志却始终不减。在第四节末端，姚明连得8分，率队打出10∶4的小高潮，从而熄灭了猛龙队反扑追分的势头，最终锁定胜局。

按常理而言，在主将缺阵的情况下，率队打出这样一场精彩的比赛，绝大多数人或多或少都会有一些得意之情流露出来，而姚明却表现出了东方人特有的谦逊，他将取胜的功劳推到队友身上——"这场比赛是对我们球队士气的一种鼓舞，也是对于团结、信心、默契的考验，应该说是大家共同努力的结果吧。"

| 第一章 |

人生低调：高山不语，静水深流

正是这种谦逊，使姚明在美国赢得了广泛的认可与尊重，亦如休斯顿火箭队媒体关系部经理评价的那样："姚明是一个非常谦虚的人，他能够不引起别人的注意就绝不引人注意，他所做的就是走出门，打篮球。"

以往的成绩能证明什么

想要生存，就必须及时更新自我，只有不断学习新的技能、不断提升自身价值，才能增进自己的竞争优势，才不会被新锐力量所取代！

美国晚间新闻当红主播——彼得·詹宁斯，曾一度辞去令人艳羡的主播工作。他毅然决定前往新闻第一线磨砺自己，这段期间，他当过记者，做过美国电视网驻中东特派员，而后又被派往欧洲地区。

历练过后，当他再度回到 ABC 主播台时，已由略显青涩的"初生牛犊"，转型为成熟稳健的主播兼记者，他的事业俨然又上升了一个高度。

彼得·詹宁斯的过人之处在于，他在跻身行业翘楚之列以后，并没有妄自得意、骄傲自满，而是选择将自己"下放"，继续为自己充电，从而使得自己的事业再次走向了高峰。毋庸置疑，彼得·詹宁斯的这种人生态度，是很值得我们学习的。对于我们而言，若想在人生之中有所建树，无论你身处哪一岗位、从事何种事业，都不能停下学习的步伐。你应该清楚地意识到，知识、技能是事业的基石，在它们能够支撑你的事业时，绝不能懈怠；当它们不能达到事业要求时，你必须加重学习任务，以适应时代的变化。如此你会发现，在瞬息万变的信息时代，学习就是安身立命、开创天地的一把利器，只有通过学习来超越自我，你的人生才会更有意义。

反之，若是一味沉浸在以往的成就中洋洋自得、不思进取，不去学习适应社会发展的能力，你的人生就一定会受到阻碍，甚至停滞或是倒退。

高文凭不是炫耀的资本

文凭或许能够成为你步入职场的"敲门砖"，但它绝不是社会进步的推动力，社会需要的是那些德才兼备、有知识更有能力的人。仅凭"镀金"的文凭不足以将你推向成功，没有货真价实的本领，社会一样会将你淘汰。

汉斯毕业于哈佛大学，在校时他的成绩出类拔萃，财务、会计等课程门门优秀，投资银行很需要这样的人才，而他也希望能够进入金融领域工作。但先后几次面试，他却一一败下阵来。在学校，他确实是个首屈一指的优等生，但不知为何，偏偏在面试时怯场，哈佛的口才培训课程，看上去在他身上并未起到良好的作用。更恼人的是，甚至连那些成绩一般的学生都可以录用的二流企业，也对其置之不理。最后，他准备的面试公司名单上，就只剩下了一家地方企业。由于连续的挫折，汉斯饱受打击，他消极地想：我的大学时代就是在这个城市近郊度过的，回到这里有什么不好？

面试开始以后，汉斯感受到一种前所未有的好气氛——面试官是一位平易近人的年轻人，而且毕业院校与自己的母校有着良好关系，所以

第一章

人生低调：高山不语，静水深流

二人谈得非常融洽。汉斯心想：这次应该没问题了吧！

然而，当面试官问道"你希望加入我们公司，其出发点是什么"时，汉斯懵了。

说实话，他原本没想到会来这最后一家候选公司面试，所以准备很不充分，对该公司的情况知之甚少。慌乱之中，他只能把有关投资银行的知识拿出来应付场面，毫无疑问，他又犯了一个致命错误。他的话音刚落，面试官的便默默站起身来，打开房门，做出一个"请"的手势："对不起，我们公司可不是投资银行，以前不是，现在不是，将来也不打算成为投资银行。不过你的发言还真让我吃了一惊。迄今为止，把我们与投资银行搞混的人，你还是第一个。请记住，我们公司是美国屈指可数的几家资产管理公司之一，真不知你是怎么从哈佛毕业的。"走出该公司很长时间，面试官的话依然在汉斯耳边回荡着……

拥有一个拿得出手的学位，就一定能混得开，就比别人更高一筹——这是很多人内心的想法。于是，我们看到很多高文凭的"人才"飘飘然入世，眼高于顶，自以为"周遭这般皆凡品，唯我独秀一枝"。于是，他们不知进取，抱着文凭睡觉，望着天空做人，在自大中逐渐将文凭变成了一张废纸。

让谦卑成全你

人这一生有风有浪、有顺有逆、有高有低，只有秉持着谦卑的姿态行走其间，才能顺利通过所有门庭。

羊祜是名副其实的官宦子弟，他的外公便是大名鼎鼎的东汉蔡邕，其胞姐则是晋景帝司马师的献皇后。不过，羊祜为人一身清风、谦恭有加，并无半点官宦子弟的骄奢习气。

羊祜年轻之时便已声名远播，曾被荐举为上计吏，州官4次邀请他做从事、秀才，五府也召他出来做官，但均被他一一谢绝了。因此，有人将他比作孔子最得意的门生——谦恭好学的颜回。正始年间，大将军曹爽专权，曾欲启用羊祜和王沈。王沈得信后，满心欢喜地劝羊祜与他一起去应命就职，羊祜对此颇为不然，淡淡答道："委身于人，谈何容易！"后来，司马懿发动高平陵政变，曹爽失权被诛，王沈受到牵连而被免职。王沈后悔没有听羊祜的话，对他说道："我应该常常记住你以前说的话。"羊祜听后，并没有炫耀自己有先见之明，反而谦虚地表示："这不是预先能想到的。"

晋武帝司马炎称帝以后，鉴于羊祜辅助有功，遂任命他为中军将军，加官散骑常侍，封郡公，食邑三千户。对此，他坚决推辞，于是改封为侯。虽然名位显耀，但羊祜对于王佑、贾充、裴秀等前朝有名望的大臣，一直秉持着谦虚的态度，从不将其视为自己的属下。

后来，为表彰羊祜都督荆州诸军事等功劳，皇帝加封他为车骑将军，地位等同三公，羊祜再次上表推辞，他在奏章中写道："臣入仕方十余年，便在陛下的恩宠之下占据如此显要的位置，因此无时无刻不为自己的高位而战战兢兢，荣华对我而言实属忧患。我乃外戚，只因运气好才能事事办得顺利，自当警诫受到过分的宠爱。但陛下屡屡下诏，赐予了我太多的荣耀，这让我怎么承受得起，又怎能心安得了？现在朝中，有不少德才兼备之士，比如光禄大夫李熹高风亮节，鲁艺洁身寡欲，李胤清廉朴素，却还都没有获得高位，而我只是一个无德无能的平庸之辈，地位却在他们之上，这让天下人作何感想？怎能平息天下人的怨愤呢？所以乞望陛下收回成命。"但皇帝没有应允。

羊祜身事两朝，手掌要权，地位显赫，但他本人对权势的欲望却非

| 第一章 |

人生低调：高山不语，静水深流

常淡然，但凡举荐某人升迁，事后绝不张扬，以至于很多被举荐者一直不知道羊祜曾有恩于自己。

羊祜一生清廉、俭朴，除官服外，平时只穿素布衣裳，朝廷发放的俸禄也大多用来周济族人或是赏赐军士，家无余财。

羊祜临终之时嘱咐子嗣，不可将南城侯印放入棺木。他的外甥齐王司马攸为此上表晋武帝，表明羊祜不愿按侯爵下葬的意愿，武帝下诏说："羊祜一生清廉、谦让，志不可夺。其身虽去，但美德仍在。这便是伯夷、叔齐被尊为贤人，季子能够保全名节的原因所在啊！现在我下诏恢复原来的封爵，以表彰爱卿的高尚德馨。"

毫无疑问，羊祜这一生是成功的，他的谦恭令天下百姓、满朝文武乃至一国之尊，无不对其敬佩有加。

安贫乐道

世事沧桑变幻，贫富皆尽体味。一切铅华洗净之后，粗茶淡饭亦是人生真正的滋味。

古印度有个阿育王，是位护持佛法的大功德主。

他有一个弟弟出家修行得道，阿育王非常欢喜，稽首礼敬，希望弟弟能长期住在皇宫，接受他的供养。但是弟弟却认为："世间的五欲——财、色、名、食、睡，是禅者至大的障碍，必须弃除，我们的心才能拥有真正的宁静与自在。我依山傍水，清心寡欲，自在如水中游鱼、空中飞鸟，为什么你要把我再次推入世间的泥沼呢？"

阿育王说："在皇宫里，你也可以很自在呀？没有人敢阻碍你的。"

弟弟却说:"我住在寂静的林野,有十种好处:一、来去自在。二、无我、无我所。三、随意所往,无有障碍。四、欲望减弱,修习寂静。五、住处少欲少事。六、不惜身命,为具足功德故。七、远离众闹市。八、虽行功德,但不求恩报。九、随顺禅定,易得一心。十、于空住,无障碍想。这些都是皇宫里所不具有的。"

阿育王面露难色地说:"话是不错,可是你是我的弟弟,我怎么忍心让你这样吃苦呢?""我一点都不觉得这样是苦,反而觉得很快乐。我已经脱离了人间的桎梏,为什么你又要让我再戴上五欲的锁链呢?我终日与自然万物同呼吸,与山色共眠起,我以禅悦为食,滋养性命。你却要我高卧锦绣珠玉的大床,可知我一席蒲团,含纳山河大地、日月星光之灵气。常行晏坐,有十种利益:一、不贪身乐。二、不贪睡眠乐。三、不贪卧具乐。四、无卧着席褥苦。五、不随心身欲。六、易得坐禅。七、易读诵经。八、少睡眠。九、身轻易起。十、欲望心薄。我已经从火汤炉炭的痛苦里解脱出来了,你说,我怎么可能再重入火坑,毁灭自己呢?"弟弟坚定地说。阿育王听了这一番剖白,就不再坚持自己的意见了,但心中对于安贫乐道的修行人,以无为有的胸怀,生起更深的敬意。

空无,并不是一无所有,它只是让人们减少对物质的依赖,这样反而能照见内心无限的宝藏。而现代人,却不懂得安分,即使有了财富、爱情、名位、权势,他们仍然在不停追逐,常常压得自己喘不过气来。

第二章
话语低调：谨言慎语，取容当世

人们习惯以"怎么说话"来评判一个初次见面的人，长时间相处后，人们便更多地以"说什么话"及说之后的作用来评判一个人。所以，"说话"不是词藻的简单堆砌，而是一个人思想境界和处世态度的具体体现。要想做一个让人尊敬的人，首先就得先学会以低调的方式说话。

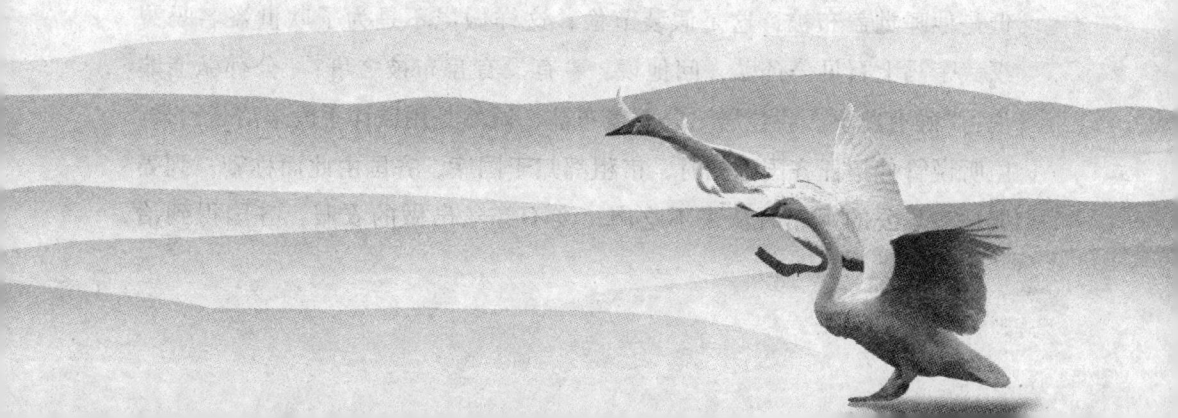

谨言慎语，取容当世

低调做人，保持言行上的谦和文雅，才能为自己营造出温馨的生存空间和融洽的人际关系。如果一个人在生活中总是趾高气扬、指手画脚，必然会招来众人的非议和排斥。

汉元光五年，汉武帝征召天下有才能的读书人，年已70多岁的川人公孙弘的策文被汉武帝欣赏，提为对策第一。汉武帝刚即位时也曾征召贤良文学士，那时公孙弘才60岁，以贤良征为博士。后来，他奉命出使匈奴，回来向汉武帝汇报情况，因与皇上意见不合，并在朝堂上起争执，引起皇上发怒，他只好称病回归故乡。这次他荣幸地获得对策第一，重新进入京都大门，就决定要吸取上次的教训，凡事必须保持低调。

从此，公孙弘上朝开会，从来没有发生过与皇上意见不一致时当庭分争的事情。凡事都顺着汉武帝的意思，由皇上自己拿主意，汉武帝认为他谨慎淳厚，又熟习文法和官场事务，一年不到，就提拔他为左内史。

公孙弘在皇上眼中是个谨慎淳厚的臣子，但有些大臣却认为他是个伪君子。有一次，主爵都尉汲黯听说公孙弘生活节俭，晚上睡觉盖的是布被，便入宫向汉武帝进言说："公孙弘居于三公之位，俸禄这么多，但是他睡觉盖布被，这是假装节俭，这样做岂不是为了欺世盗名吗？"汉武帝马上召见公孙弘，问他说："有没有盖布被之事？"公孙弘谢罪说："确有此事。我位居三公而盖布被，诚然是用欺诈手段来沽名钓誉。臣听说管仲担任齐国丞相时，市租都归于国库，齐国由此而称霸；到晏婴任齐景公的丞相时从来不吃肉，妾不穿丝帛做的衣服，齐国得到治理。今日臣虽然身居御史大夫之位，但睡觉却盖布被，这无非是说与小官吏没什么两样，怪不得汲黯颇有微议，说臣沽名钓誉。"汉武帝听公孙弘满口认错，更加觉得他是个凡事退让的谦谦君子，因此更加信任他。元狩五年，汉武帝免去薛泽的丞相之位，由公孙弘继任。汉朝通常都是列侯才能拜为丞相，而公孙弘却没有爵位，于是，皇上又下诏封他为平津侯。

公孙弘活到80岁，在丞相位上去世。以后，李蔡、严青翟、赵周、石庆、公孙贺、刘屈氂相继成为丞相。因为言行不谨慎，这些人中只有石庆在丞相位上去世，其他人都遭到诛杀。看来，公孙弘不肯庭争，取容当世也是一种不得已的处世之法。

生活中的一言一行可以称之为小事，但从这些小事中却可以看出一个人的境界。在智者面前，你的任何一个细小的动作，轻微的言辞都逃不过他们的眼睛。所以，他们可以因一句话或一个动作接纳你、帮助你，也可以因一句话或一个动作拒绝你、排斥你。注意自己的言行可以为你打造平坦的生存之路，直通人生的最高境界。

说话不能太绝对

在谈话时，尽管我们有很大把握，但也不要把话说得太绝对，绝对往往容易引起他人的挑刺。而现实是，如果对方有意挑刺，还真能挑出刺来。所以，与其给别人一个挑刺的借口，不如把话说得委婉一些，给自己留下一个回旋的余地。

一位年轻人想到大发明家爱迪生的实验室里工作，爱迪生接见了他。这个年轻人为表示自己的雄心壮志，张口说道："我一定会发明出一种万能溶液，它可以溶解一切物品。"爱迪生反问他："那么你想用什么器皿来放这种万能溶液呢？它不是可以溶解一切吗？"年轻人哑口无言。

很明显，这位年轻人就是把话说得太绝了，才会陷入自相矛盾的境地。如果将"一切"换为"大部分"，相信爱迪生便不会反诘他了。

词用对了，修饰程度不同，说起来分寸就不一样。如"好"一词，可以修饰为"很好"、"非常好"、"最好"、"不好"、"很不好"等，这些比较级的使用要慎重。如果你没听天气预报，即使听了，明天还没到，便不可以说："明天一定会下雨。"一个人的文章写得一般，客气地说也只能是"还好"，怎么能说"非常好"呢？

好的修饰词使意思表达完整，恰到好处；过于夸张或过于缩小的修饰词，则会与客观实际相冲突，陷入两难境地。屠格涅夫的小说《罗亭》中，皮卡索夫与罗亭有一段对话：

罗：妙极了！那么照您这样说，就没有什么信念之类的东西了？

皮：没有，根本不存在。

罗：您就是这样确信的吗？

皮：对。

罗：那么，您怎么能说没有信念这种东西呢？您自己首先就有一个。

皮卡索夫在此用一个"根本"，把话说绝了。因此，遇到不十分有把握的事，一定要多用"可能"、"也许"、"或者"、"大概"、"一般"等模糊意义的词，使自己的判断留有余地。

第二章
话语低调：谨言慎语，取容当世

请放下架子说话

人与人交流时，若彼此都能放低姿态，不但可以拉近双方的距离，而且亦可使双方从心理上接受彼此，从而使沟通更有成效。

某国有位总统，在庆祝自己连任时开放政府官邸，与近百位小朋友面对面地亲切"会谈"。

"请问总统先生，您小时候哪一门功课最差？有没有被老师批评过？"一位小朋友兴奋地问道。

"哦，当然，每个人都有自己的不足之处。我的品德课成绩就不怎么好，而且我的嘴总是停不下来，常常打扰别人学习，为此没少被老师批评。"总统回答道。

总统的开诚布公顿时令现场气氛升温，问答之间气氛颇为热烈、融洽。

最后，一位小女孩站了起来，她来自一个状况不好的贫民区。小女孩告诉总统，自己每天上学都很害怕，因为担心路上会遇到坏人。

这时，总统脸上的笑容不见了，他自责地说道："我知道，大家现在生活得并不是十分如意。因为有关社会犯罪，比如毒品、绑架的问题，政府的工作还没有做到位。所以，你们一定要努力学习，将来利用自己的知识帮助国家扫除犯罪，因为只有我们团结一致，抱成一团与坏人做斗争，我们的生活才会变得更加美好。"

总统对于这两个问题的回答可谓恰到好处。他让小朋友们明白，是人都会犯错，都会受到批评，但只要经过自己的努力改正这些错误，就能成为有用之人。而且，总统并没有掩饰政府工作的不力，他认同小朋友们对于治安的担心，并借此鼓励小朋友们努力学习，参与到维护正义的事业中来。这种放低姿态的说话方式，使他紧紧抓住了小朋友们的心。在小朋友们看来，自己与总统之间没有任何距离，他也是一个普通人，是一个和蔼可亲、值得信赖的"大朋友"。这番谈话，就连在场外观看的大人们亦为之动容。

口出狂言要不得

庸才在"不知其庸，反以为智"的时候，就变成了狂人。生活中有很多人，胸有点墨便谈古论今，唯恐天下人不知道自己是个庸才。

元末有个士人王同喜欢说大话，尤其爱谈论军事，一谈到军事必定推崇孙武和吴起。遇元末大乱，张士诚在姑苏称王，跟朱元璋争天下。决战前，王同拜见张士诚说："我看，现在地理形势没有比姑苏更便利的，但是你占据姑苏却不能称霸天下，原因在于将领无能。现在你手下的将领，都是本领低下的人，打仗都不懂兵法，如同老鼠打架一样。大王如果能让我做将军，便可取得中原，对付小小的敌人（指朱元璋）怎么可能不赢呢？"张士诚认为他说得很对，就让他做了将军，听任他去招募兵员，并命令主管粮草的官员给他充足的给养，不要计较多少。决战开始后，朱元璋手下的李文忠攻破杭州城，王同原本没有本领，先前和张士诚说的都是大话，他根本没有把握能战胜敌军。为了自身的安全，王同偷偷溜掉了。几天后，王同被搜了出来，被绑到军营外杀了，他临死前还夸口："我擅长孙武、吴起的兵法。"真叫人哭笑不得！

| 第二章 |

话语低调：谨言慎语，取容当世

口出狂言，一为自己招祸，二误他人之事，而个人又未能从中获得真正的好处，有什么可取之处呢？一如三国时的马谡，虽自幼熟读兵书，但亦只限于纸上谈兵。当孔明指出街亭重地易攻难守时，他口出狂言："某自幼熟读兵书，颇知兵法。岂一街亭不能守耶？"当孔明再次委婉表明对手并非泛泛之辈，不可轻敌时，他又将对手贬得一文不值，并立下军令状。结果呢？因为他的指挥失当，致使街亭失守，蜀国匡扶汉室的大业亦遭受了前所未有的重创！

话不出格

与人交流，讲话一定要有分寸，不要口不择言地伤害别人。礼让并不意味着怯懦，而是把无谓的攻击降到最低。

一位顾客在超市买了一盒玻璃杯，回家后才发现其中一只有裂痕。于是她再次来到超市，要求更换："你好，我刚刚在这这儿买了一盒杯子，其中有一只有裂痕，您看？"

店主的态度不错，一脸微笑地说："好说好说，我们马上就给您换。小赵啊，你赶快给这位顾客换一盒玻璃杯。"他转而又对顾客说："对不起，请您稍等一下。"

顾客换好杯子，临走时赞扬道："真谢谢你们，你们的服务态度真好，一定会生意兴隆。再见！"

可是，她刚刚走到门口，那位名叫小赵的售货员又说话了："喂，你等一下，我告诉你，今天是你的运气不错，碰上老板心情好，以后可没这样的好事喽。如果我们天天为顾客换这换那，那生意还怎么做！谁知道玻璃杯是不是你自己不小心弄裂的呢？买的时候你怎么不看清？"

这位顾客原本满心高兴，可听小赵这么一说，顿时火冒三丈，她指着小赵嚷道："你什么意思？你是说我不讲道理、贪小便宜吗？你把话说清楚！你以为我愿意大热天浪费时间再跑一趟吗？卖了劣质商品还反咬人一口，你们是怎么做生意的？"

……

显然，这次争吵的导火索，就是售货员小赵那一句"过格"的话。事实上，小赵也为自己的口不择言付出了相应的代价，她不但遭到了顾客的有力"回敬"，而且店主出于生意的考虑，为了尽快平息争端、防止事态扩大，只得将她"炒鱿鱼"了。这一句无谓的话，让小赵吃足了苦头。

学会倾听

你打断对方的话语，搅了人家的兴致，阻碍人家的思想，破坏人家的情绪，人家又怎能不对你心生反感？

老白在镇上盖了一套两层的楼房，当该房子的第二层刚封顶时，几个朋友在他家吃饭。席间，突然来了一位专门安装铝合金门窗的个体户，与老白一见面就递了张名片，并介绍了他做铝合金门窗的优势。老白说："虽然我们以前不认识，但通过你刚才的一席话，得知你对铝合金门窗安装的经验丰富，假如我房子的门窗让你来安装，我相信你能安装，也相信你能做得很好。但是在你今天来之前，我们厂里一名下岗钳工已向我提起过，门窗安装之事已决定由他来做……"

第二章
话语低调：谨言慎语，取容当世

老白的话还未说完，那个个体户便插话了：

"你是说那东跑西走的小杨吧？他最近是给几家安装了门窗，但他那'小米加步枪'式的做法怎能与我比？"

哎呀！这话不说还好，一说便让老白顿时拿定了主意，于是他说：

"不错，他尽管是手工作业，没有你那样的先进的设备，但他目前已下岗在家，资金不够丰厚，只能这样慢慢完善，出于同事之间的交情，我不能不让他做！"

就这样，那个个体户只得怏怏离开了。

之后，老白对我们说："那个个体户没听懂我的意思，把我的话给打断了。本来，我是暗示他，做铝合金门窗的人很多，不止他一个上门来请求安装。我已打听到了他做门窗多年，安装熟练，且很美观，但他的报价很高，我只是想杀杀他的价格，可他的一番话攻击了我同事小杨的人品，我宁愿找别人，也不要让他来安装我的门窗。"

这本来是一桩很不错的生意，最终却以失败告终，最主要的原因就是那个个体户过于急躁，不等人家把话说完，甚至还没有听懂别人的意思，就打断别人的话头，结果把眼看就要到手的生意给丢了。

不以揭短为乐

朋友聚会时，天南海北狂侃一通自是在所难免。但切记要口下留情，给言语的"刀子"加上一把鞘，不要以揭人短为乐，否则，你就会成为不受欢迎的人。

张三其人尖酸刻薄，常以揭人短为乐。一次朋友聚会，邻居李四因家有严妻不敢多喝，张三便乘着酒意大声叫嚷："你们知道李四为什么喝酒像喝毒药似的吗？因为他怕老婆！有一次李四喝酒喝醉了，不但被老婆扇了两耳光，最后还被赶到客厅去睡呢。"李四被张三当众揭了短，不禁羞怒焦急，但碍于众人又不好发作，便推脱有事，离座而去。

几日后，张三一家去城里购物，出门时风清气爽，刚到城里不久便阴云密布。张三妻子担心院中晾晒的生虫大米，便催促张三赶快回去。张三因有东西还没买，又想到李四在家，便不以为然地说道："没事的，李四今天在家，他会帮我们收回去的。"

然而，当张三一家披着斜阳回到家中之时，却发现院中晾晒的大米已经被雨水泡得胀了起来。

所谓"远亲不如近邻"，李四的小心眼固然不值得称赞，但说到底还是张三揭人短在先，为了逞一时的口舌之快，得罪邻人，令其怀恨在心，这又是何苦来哉？事实上，生活中张三类型的人不在少数，他们似乎已经把"揭人短"当成了人生一大乐事，似乎只有道出别人的"短"，才能彰显自己的"长"，殊不知这样做的结果只会令人生厌，令朋友对其唯恐避之不及。

古今中外，但凡有修养之人，从不以揭人短为乐。据《封氏闻见记》中记载：曾在唐朝做过检校刑部郎中的程皓，向来不谈论他人之短。即便友人谈及之时，他也从不参与其中，而且还为受嘲者辩解："这都是以讹传讹，事实并非如此，不足为信。"继而，再列举该人的一些优点。试想，做人若能如程皓这般，又怎会不赢得他人好感，又怎会不知交满天下呢？

第二章
话语低调：谨言慎语，取容当世

不可伤人自尊

人生在世，各有所长，各有所短。若以己之长，较人之短，则会目中无人；若以己之短，较人之长，则会失去自信。这是应酬中尤其要注意的一点。

从前有一位樵夫，他在上山砍柴时无意间救了一只小熊，母熊自然对他感激不尽，总是抓来一些野物送给他。有一天，母熊特意安排了一顿丰盛的晚宴款待他。翌日清晨，樵夫将去之时对母熊说道："你昨晚的款待很周到，但我唯一不满意的就是你身上的那股骚臭味。"闻听此言，母熊虽然心中不快，但嘴上却说："那么，作为补偿，你用手中的斧头砍我吧。"樵夫照母熊的话做了。从此以后，母熊再没邀请过樵夫来家中做客。

多年以后，樵夫偶然在山林中遇到母熊，于是关心地问道："你头上的伤好了没有？"

"那次确实痛了一阵子，不过伤口愈合以后，我就忘记了。但是，那次你说的话，我一辈子也忘不了。"母熊这样回答樵夫。

"人要脸，树要皮"。所谓脸，就是人的自尊。人若没有自尊，那便无药可救了。没有自尊的人有两种情况：一种是自己失去的，一种是叫人给伤害的。对前一种人，我们可做的努力或许很少，但后一种情况我们却要千万注意，切不可随便伤害别人的自尊心。

然而，在现实生活中，一些人为逗口舌之快，往往会有意无意地伤害别人，甚至因而将原本深厚的友情葬送。你要知道，没有人能彻底忘记别人对他的侮辱,哪怕你曾经有恩于他,那么你们曾是肝胆相照的生死兄弟,所有这一切,都不及你在言语上带给他的伤害。

失意人前不说得意话

稍有得意之事,逢人便说且自鸣得意,人必骂你器小易盈,笑你沾沾自喜,无意中还会给自己招来嫉妒。和失意的人谈你得意的事,不仅是你不知趣,而且易让对方觉得你是挖苦、讥讽他,他对你的感情,只会更坏,不会变好。

某人不久前因公司经营不善破产了,从而负债累累,他的妻子因不堪生活重负,最终选择了与他分道扬镳,内外交困的他痛苦至极。

他的几位好友商量之后,决定来一次聚会。一是为了热闹一下,增进彼此感情;二是想借此气氛让这位陷入低谷的好友情绪得到改善。

菜肴丰盛、觥筹交错,气氛一直很融洽,大家不约而同地达成了一个共识——闭口不谈事业上的事。偏偏其中有一位朋友,因为最近生意做得风生水起,几杯酒下肚,嘴上就没有把门的了。于是,便开始大谈特谈自己赚钱的本领和花钱的本事,在场之人看到他这种得意忘形的姿态,心中都有些反感。尤其是那位"人财两空"的朋友,更是沉默不语,脸色异常地难看。最后,他借口说还有事情要办,早早地便离席了。

当两位要好的朋友送他到巷口时,他愤愤地说道:"他就是会赚钱,也没有必要在我面前如此张扬吧!这不是明显在讽刺我吗?"

我们行走于社会之中,说话一定要看清场合和对象。有了得意之

| 第二章
话语低调：谨言慎语，取容当世

事，你可以在演讲时说，可以对你的亲人、朋友、同学、员工说，让他们与你共同分享。但切记不要在失意之人面前高谈阔论，因为处于失意之中的人其心理是最为敏感、最为脆弱的，即使你只是无心之语，对他们而言亦可能是一种讽刺，一种伤害。

所以说，我们在得意之时应少说为妙，而且态度一定要更加谦卑，如此你才能得到别人的广泛尊重。

改掉"抬杠"的毛病

> "如果你老是抬杠、反驳，也许偶尔能获胜，但那只是空洞的胜利，因为你永远得不到对方的好感。"

有位爱尔兰人名叫欧·哈里，上过卡耐基的课。他受的教育不多，可是很爱抬杠。他当过人家的汽车司机，后来因为推销卡车不顺利，来求助于卡耐基。听了几个简单的问题，卡耐基就发现他老是跟顾客争辩。如果对方挑剔他的车子，他立刻会涨红脸大声强辩。欧·哈里承认，他在口头上赢得了不少的辩论，但没能赢得顾客。他后来对卡耐基说："在走出人家的办公室时我总是对自己说，我总算整了那混蛋一次。我的确整了他一次，可是我什么都没能卖给他。"

所以，卡耐基的难题是如何训练欧·哈里自制，避免争强好胜。

欧·哈里后来成了纽约怀德汽车公司的明星推销员。他是怎么成大事的？这是他的说法："如果我现在走进顾客的办公室，而对方说：'什么？怀德卡车？不好！你就送我我都不要，我要的是何赛的卡车。'我会说：'老兄，何赛的货色的确不错，买他们的卡车绝错不了，何赛

的车是优良产品。'

"这样他就无话可说了，也没有抬杠的余地。如果他说何赛的车子最好，我说没错，他只有住嘴了。他总不能在我同意他的看法后，还说一下午的何赛车子最好。我们接着不再谈何赛，我就开始介绍怀德的优点。

"当年若是听到他那种话，我早就气得脸一阵红、一阵白了——我就会挑何赛的错，而我越挑剔别的车子不好，对方就越说它好。争辩越激烈，对方就越喜欢我竞争对手的产品。

"现在回忆起来，真不知道过去是怎么干推销的！以往我花了不少时间在抬杠上，现在我守口如瓶了，果然有效。"

林肯曾经说过："任何决心有所成就的人，决不会在私人争执上耗时间；争执的后果不是他所能承担得起的。而后果包括发脾气、失去自制。要在跟别人拥有相等权利的事物上，多让步一点；而那些显然是你对的事情，就让得少一点。与其跟狗争道，被它咬一口，不如让它先走。因为，就算宰了它，也治不好你的咬伤。"可见，只有愚蠢的人才喜欢和别人争来争去、相互抬杠，聪明的人只会将自己有限的精力投入到无限的创造之中，而不是去做无谓的争执。

矛盾面前要淡定

当对方发火时，切勿再火上浇油，冷静、换位思考才是你征服对方的最佳手段。

有一位姓马的先生在他订的牛奶中发现了一小块玻璃碎片，于是前往牛奶公司投诉。不用说，他的情绪是愤怒的。一路上他已经打好腹

第二章
话语低调：谨言慎语，取容当世

稿，并想出了许多尖刻的词语。一到总经理办公室，连自我介绍都省略了，把李经理伸出的友谊之手也拨向一旁，把自己的不满情绪一股脑地发泄出来：

"你们牛奶公司，简直是要命公司！你们都掉进钱眼里去了，为了自己多赚钱，多分奖金，把我们千百万消费者的生死置之度外，你们一点都不像社会主义的企业，地地道道是资本家的勾当！……"

好在这位李经理经验丰富，面对这么强大的攻击，毫不动怒，仍旧诚恳地对他说："先生，究竟发生了什么事？请您快点告诉我，好吗？"

马先生继续激动地说："你放心，我来这里正是为了告诉你这件事的。"说着他，从提袋中拿出一瓶牛奶，"砰"的一声，重重地往办公桌上一放，"你自己看看，你们做了什么样的好事！"

李经理拿起奶瓶仔细一看，什么都明白了。他变得严肃起来，有些激动，说："这是怎么搞的，人吃下这东西是要命的！特别是老人和孩子若吃到肚子里去，后果不堪设想！"

说到这里，李经理一把拉住马先生的手，急切地问："请你赶快告诉我，家中是否有人误吞了玻璃片，或被它刺伤口腔。咱们现在马上要车送他们去医院治疗。"说着，抄起电话准备叫车。

这时候，马先生心中的怒火已消了一大半了，他告诉李经理说，并没有人受伤。李经理这才放下心来，掏出手帕，擦擦额头上渗出的汗珠说："哎呀！真是谢天谢地。"

接着李经理又对马先生说："我代表全公司的干部职工向您表示感谢。因为您为我们指出了工作中的一个巨大的事故隐患。我要将此事立刻向全公司通报，采取措施，今后务必杜绝此类事情发生。还有，您的这瓶牛奶，我们要照价赔偿。"

李经理的这番话，一下子把空气给缓和了。马先生接过那瓶奶钱的时候，气已经全消了，而且还有点内疚："经理是个这么好的人，我开始真不该给他扣那么多的'帽子'。"

接下去,他便开始向李经理建议,该采取什么样的措施才能避免此类事故继续发生。结果两人越谈越融洽,原来双方都是站在一个立场上的。

人之一生,难免要与人发生矛盾,如何去解决矛盾则彰显着一个人的胸怀与智慧。倘若你在矛盾面前能够从容不迫,持一种淡定的态度,真心诚意地去与对方交流,多半是可以与对方尽释前嫌的。

别将对方逼入死角

说话办事中,凡遇有一头撞南墙的人切记不可把话说绝,否则物极必反,会把一个本来可以有挽救余地的人或事逼向绝路。

1977年8月,克罗地亚人劫持了美国环球公司从纽约拉瓜得机场至芝加哥奥赫本的一架班机,在与机组人员僵持不下之时,飞机兜了一个大圈,越过蒙特利尔、纽芬兰、沙浓,最终降落在巴黎戴高乐机场。在这里,法国警察打瘪了飞机的轮胎。

飞机停了3天,劫机者同警方僵持不下,法国警方向劫机者发出最后通牒:"喂,伙计们!你们能够做你们想做的任何事情,但美国警察已到了。如果你们放下武器同他们一块回美国去,你们将会被判处2~4年徒刑。但这也可能意味着,你们也许在不到2年的时间内就会被释放。"

法国警察停顿片刻,目的是让劫机者将这些话听进去。接着又喊:"但是,如果我们不得不逮捕你们的话,按我们的法律,你们将被判死刑,那么你们愿意走哪条路呢？"劫机者被迫投降了。

本例中的劫机者一方面因为机组人员的抗衡和警方的追捕而无法达到预定的目的,另一方面由于不清楚警方的态度而不敢轻易放下武器,陷入了进退两难的痛苦局面。法国警察在劝说中明确地向对方指出了两条道路：投降或者顽抗,投降的结果是2年左右的徒刑,而顽抗的结果只能是死刑。面对这两条迥异的道路,早已心慌意乱的劫机者识相地选择了弃械投降。

对铤而走险者最忌的一招就是不留退路。俗话说,一不做,二不休,搬倒葫芦撒了油,兔子急了还咬人呢,何况人乎？

感谢的话不可少

感谢的话何妨多说几句？你不会损失什么,帮你忙的人也会觉得你比较有人情味,帮你这个忙值得,下次还会愿意帮助你。

梁超的妻子是本地人,结婚的时候他们曾到妻子的伯父家做客,伯父伯母对这个一表人才的侄女婿很是欣赏。伯父是一家企业的老总,两人坐到一起很能谈得来,一来二去,夫妻俩到岳父岳母家去得少了,反倒去伯父伯母家勤了。

可是最近梁超发现伯父伯母的态度有了很大变化,对他们越来越冷淡,有时候他们说要去看二老,甚至还会遭到拒绝,这使二人百思不得其解。后来还是岳母替他们解开了这个谜,伯父伯母家经济条件较好,经常接济他们,有别人送的好烟好酒以及单位里发的一些东西常让他们带回家。前段时间梁超曾提到想调到一个更有前途的部门,也是伯父通过关系帮他办成了。但是，就妻子这一边来说，可能觉得是自己的伯父这么亲的关系，就梁超这边来说，可能觉得这些对他们不过是举手之劳，因此，事前事后始终没说什么人情话。伯母有意无意地跟岳母提起，伯父为此很是生气，说他们没良心，不值得别人帮忙。二人一听连忙上府谢罪，才算挽回一点。

朋友也好，亲戚也罢，帮个忙、送点礼是常有的事，人们做这些事的时候并不是想从你这里得到什么好处，甚至于因为关系好会很乐意帮忙，他所要求的也并不是等额的回报。这时候，如果你总认为这是理所当然，没有一句表示的话，人家怎么知道自己的好意是不是已被你接受？要知道，再要好的关系，既然受了别人的施予，就要做出及时、明确的表示，当然，一句恰到好处的感谢话也就足够了。

在这里，梁超夫妻就是犯了不重视人情话的错误，想当然地认为自己心里的感激人家一定知道。所谓话不说不明，即使人家知道，天长日久，帮完了忙总也听不到你一句人情话，心里也会不舒服的。

激发他人的高尚意识

每个人都是自己内心的理想家，都把自己看得很高尚，都喜欢给自己的行为动机赋予一种良好的解释。因此要想改变一个人错误的意志，就要激发他高尚的动机。

汉密尔顿的法瑞有一个很挑剔的房客，扬言要搬离他的公寓。但这房客的租约，尚有4个月才期满，每个月的租金是55元，可是他却声称立即就要搬，不管租约那回事。

第二章

话语低调：谨言慎语，取容当世

这个房客，已在法瑞这里住了一个冬季。如果搬走的话在秋季前，这房子是不容易租出去的。眼看220元就要从口袋里飞走了，法瑞实在是着急。如在以前，法瑞一定找那个房客，要他把租约重念一遍，并向他指出，如果现在搬走，那4个月的租金，仍须全部付清。

可是，这次法瑞只是向他这样说："先生，听说你准备搬家，可是我不相信那是真的。我从多方面的经验来推断，我看出你是一位说话有信用的人，而且我可以跟自己打赌，你就是这样的一个人。"

房客静静地听着，没有做任何表示，接着法瑞提了个建议，让房客将他所决定的事，先暂时搁在一边，不妨再考虑一下。并给了他充裕的时间，如果到时候还是决定要搬的话，法瑞说他将会接受他的要求。

最后，法瑞一再强调他相信对方是个讲信用的人，会遵守自己的租约。

事情果然不出法瑞所料，到了下个月这位先生自己来见他，并且付了房租。并说，这件事已经跟他太太商量过，他们都认为至少应该住到期满。

其实很多时候，你把别人说得有多好，他就有多好。

模糊表态

在某些特定场合，采取适当的方式、巧妙的语言，对别人的请求或是意见间接、灵活地作出表态，即不得罪人，又可保全自身，实在是一种巧妙的智慧！

狮王想找个借口，欲吃掉它的3个大臣。于是，它张开大口，叫熊来闻闻它嘴巴里是什么气味。熊老实巴交，据实回答：

"大王，您嘴巴里的气味很难闻，又腥又臭的。"

狮子大怒，说熊侮辱了作为百兽之王的它，罪该万死！于是便猛扑过去，一口把熊咬死并吃掉了。

接着，它又叫猴子来闻，猴子看到了熊的下场，便极力讨好狮子，它说：

"啊！大王，您嘴巴里的气味既像甘醇的酒香，又似上等的香水一样好闻。"

狮子又是大怒，它说猴子太不老实，是个马屁精，一定是国家的祸害。于是又扑过去，把猴子给吞了。

最后，狮子问兔子闻到了什么味。

兔子答道：

"大王，非常抱歉！我最近伤风，鼻子塞住了。现在什么味道也闻不到。大王您如果能让我回家休息几天，等我伤风好了，一定会为您效劳。"

狮子没找到借口，只好放兔子回家，兔子趁机逃之夭夭，保住了小命。

在这种场合中，兔子的回答是机智的，因为此时既不能对狮子嘴巴中的臭气进行肯定，也不能否定，只得含糊其辞，用"伤风"来搪塞。

其实，这则寓言的立足点，还是来源于我们的生活。日常生活中，有些话不必说得太死、太具体，反而能更好地达到目的。

第二章

话语低调：谨言慎语，取容当世

话说三分

每个人都有自己的秘密，都有一些压在心里不愿为人知的事情。同事之间，哪怕感情不错，也不要随便把你的事情、你的秘密告诉对方，这是一个不容忽视的问题。

小窦是某唱片公司的业务员，他因工作认真、勤于思考、业绩良好，被公司确定为中层后备干部候选人。只因他无意间透露了一个属于自己的秘密而被竞争对手击败，终于没被重用。

小窦和同事李为私交甚好，常在一起喝酒聊天。一个周末，他备了一些酒菜约了李为在宿舍里共饮。俩人酒越喝越多，话也越说越多。酒已微醉的小窦向李为说了一件他对任何人也没有说过的事：

"我高中毕业后没考上大学，有一段时间没事干，心情特别不好。有一次和几个哥们喝了些酒，回家时看见路边停着一辆摩托车，一见四周无人，一个朋友撬开锁，由我把车给开走了。后来，那朋友盗窃时被逮住，送到了派出所，供出了我。结果我被判了刑。刑满后我四处找工作，处处没人要。没办法，经朋友介绍我才来到厦门。不管咋说，现在咱得珍惜，得给公司好好干。"

小窦来公司3年后，公司根据他的表现和业绩，把他和李为确定为业务部副经理候选人。总经理找他谈话时，他表示一定加倍努力，不辜负领导的厚望。

谁知道，没过两天，公司人事部突然宣布李为为业务部副经理，小窦调出业务部另行安排工作。

事后，小窦才从人事部了解到，是李为从中捣的鬼。原来，在候选人名单确定后，李为便到总经理办公室，向总经理谈了小窦曾被判刑坐牢的事。不难想象，一个曾经犯过法的人，老板怎么会重用呢？尽管你现在表现得不错，可历史上那个污点是怎么也不会擦洗干净的。

知道真相后，小窦又气又恨又无奈，只得接受调遣，去了别的不怎么重要的部门上班。

既然秘密是自己的，无论如何也不能对同事讲。你不讲，保住属于自己的隐私，没有什么坏处；如果你讲给了别人，情况就不一样了，说不定什么时候别人会以此为把柄攻击你，使你有口难言。

所以说，只有恰到好处地把握好说话的分寸，才会在与人交往的过程中做到游刃有余，而且也不会给自己招来祸端。

第三章
入世低调：猖狂必忍，虚怀若谷

谦卑是一种智慧，是一种良好的品格，同时也是一种低调的处世策略。任何人都不会对骄傲与狂妄之人产生好印象，更不愿与他们交往，为此，一个懂得谦逊的人，才能赢得人们的尊重，受到人们的欢迎，并构建起良好的人脉。

狷狂必忍，否则害人害己

"今人病痛，大抵只是傲。千罪百恶，皆从傲上来，傲则自高自是，不肯屈下人。故为子而傲必不能孝，为弟而傲必不能悌；为臣而傲必不能忠。"因此狷狂必忍，否则害人害己。

关羽是智勇双全的人物，但也有自满之风。他出师北进，俘虏了魏国将军于禁，并将征南将军曹仁围困在樊城。

镇守陆口的吴国大将吕蒙回到建业，称病要休养，陆逊去看望他。两个人谈论起国事兵事，陆逊说："关羽节节胜利，经常侵凌别人，现在他又立下了大功，就更加自负自满，又听说你生了病，对我们的防范就有可能松懈下来。他一心只想讨伐魏国，如果此时我们出其不意地进攻，肯定能打他个措手不及。"后来吕蒙向孙权推荐陆逊，代替自己前去陆口镇守。

年轻的陆逊一到陆口，马上给关羽写信："前不久您巧袭魏军，只用了极小的代价，便获得了很大的胜利，立下了赫赫战功，这是多么了不起的事！敌军大败，对我们盟国也是十分有利的。我刚来这里任职，没有经验，学识也浅薄，一直很敬仰您，故恳请指教。"又吹捧关羽说："以前晋文公在城濮之战中所立的战功、韩信在灭赵中所用的计策，也无法与将军您相比。"

这些吹捧使关羽大意自满，对吴国放心了，而陆逊暗中加紧准备，条件具备后，大军到达，便立刻攻下了蜀中要地南郡，擒杀了关羽。

如果一个人喜欢自大自夸，就算是有了一些美德，有了一些功劳和

第三章

入世低调：狷狂必忍，虚怀若谷

成绩，也会丧失掉。过分炫耀自己的能力，看不起他人的工作，就会失去自己的功劳。

如何忍傲忍狂，王阳明认为：狷狂、傲慢的反面是谦逊，谦逊是对症之药，真正的谦虚不是表面的恭敬、外貌的卑逊，而是发自内心地认识到狷狂之害，发自内心地谦和。自我克制，审明进退，常常能发现自己不如别人的地方，虚心地接受别人的批评指正，虚以处己，下礼以待人。不自是，不居功，择善而从，自反自省，忍狂制傲，方可成大事。

如果一个人骄傲自满、狂妄自大、道德不修，即便是亲近的人，也会厌恶你，离你远去。古代像禹、汤这样道德高尚的人，尚怀自满招损的恐惧，那么普通人，德量与之相比差得更远，怎么能够不去克制自己的狂妄、自满之心呢？

但是，世间又有多少人能够明白这个道理呢？

锋芒——祸之源

如果你自恃才能过人，总是表现过多，锋芒太露，就会给对手带来压力和不快，他就会感觉到你气势太盛、不可一世，压得他喘不过气来，因此将你视作眼中钉、肉中刺，尤其是当你的傲气显现出来时，他甚至会怒火中烧，不择手段地对你施以明枪暗箭。所以，欲成大事者必须学会自敛锋芒、韬光养晦。

陈诚在一家律师事务所工作，是一个非常有能力的律师，敏锐的思维和良好的口才以及出色的法庭辩论能力使得他在事务所很受欢迎，他代理的官司赢多输少。鉴于此，律师事务所一旦接手大案要案都交给陈诚，他也从不推辞，认为能者多劳。起初一两次也没什么，次数多了，同事就不满了，认为他太嚣张，好的案件老是自己霸占，从不给别人一个表现的机会。渐渐地，陈诚被同事疏远了。但他却不以为然，觉得一个有能力的人，一个卓越的人，就应该显得与众不同。有一天，律师事务所要选一位副主任，律所高层决定采用民主选举的方法，让所有律师投票选出自己心目中的副主任。陈诚当时非常有信心，认为副主任一职非他莫属，因为处于同一级别的同事没有谁比他更优秀了。然而，让他想不到的是，没有一个人选他，大多数人把票投给了一个名不见经传的人。

  作为一个人，尤其是一个自认为有才华、有前程的人，能做到心高气不傲，既能有效地保护自己，又能充分发挥自己的才华，就要战胜盲目自大、盛气凌人的心理和作风，凡事不要太张狂、太咄咄逼人，并且还应当养成谦虚让人的美德。这不仅是有修养的表现，也是生存发展的策略。

  巧妙的掩饰之所以是赢得赞扬的最佳途径，是因为人们对不了解的事物抱有好奇心，不要一下子展现你所有的本事，一步一步来，才能获得扎实的成功。倘若你处处卖弄、趾高气扬、目空一切、不可一世，不被别人当靶子打才怪呢！

韬光养晦，明哲保身

  "显眼的花易招摧折"，自古才子遭嫉、美人招妒的事难道还少吗？所以，无论你有怎样的傲人资本，都没有炫耀、显露的必要。

  "指挥皆上将，谈笑半儒生"的徐达，出生于濠州一个农家，儿时

第三章

入世低调：猖狂必忍，虚怀若谷

曾与朱元璋一起放过牛。在其戎马生涯中，有勇有谋，用兵如神，为明朝的创建立下赫赫战功，是中国历史上著名的谋将帅才，深得朱元璋器重。

但是，就是这样一位战功赫赫的人，却从不锋芒毕露、居功自傲。徐达每次挂帅出征，回来后立即将帅印交还，回到家里过着极为俭朴的生活。按理说，这样一位曾与朱元璋放过牛的至交，且战功赫赫，完全可以"享清福"。朱元璋为了奖励徐达，就将自己的旧邸赐给他，可徐达死活不肯接受。万般无奈的朱元璋请徐达到旧邸饮酒，将其灌醉，亲自将其抬到床上睡下。徐达半夜酒醒，知道自己睡在何地后，连忙伏在地上自呼死罪。朱元璋见其如此谦恭，心里十分高兴，命人在此旧邸前修建一所宅第，门前立一牌坊，并亲书"大功"二字。

由此可见，徐达其人深谙保身之道，因此无论功有多高，都不邀赏。因为徐达深知，即便官再大、功再高，在朱元璋这种善猜忌的帝王面前都要"夹着尾巴做人"，是故他才可以善始善终。倘若他如淮阴侯韩信一般，自持功高、目空一切，愈加放纵，定然会被朱元璋"杀之而后快"。

隐藏你的优越感

不要让别人觉得你比他更聪明，这样，你就能得到更多的朋友，减少竞争对手，避免产生不必要的争斗。

亨莉小姐现在是纽约人事局最有人缘的介绍顾问，但是，她也曾经是一个让同事们羡慕、嫉妒，甚至讨厌的人。原因是，她刚到公司的时候，最喜欢吹嘘自己以前在工作方面的成绩，以及自己的每一个成功的地方。同事们对她的自我吹嘘感到非常讨厌，尽管她所说的都是千真万确的事实。为此，亨莉小姐很是烦恼。

最后，亨莉小姐甚至无法在公司里继续工作了，所以，她不得不向成功学大师拿破仑·希尔请教。拿破仑·希尔在听了她的讲述之后，认真地说："唯一的解决方法，就是隐藏自己的聪明，以及你所有优越的地方。"

拿破仑·希尔继而说道："他们之所以不喜欢你，仅仅就是因为你比他们更聪明，或者说你常常拿自己的聪明向他们展示。在他们的眼中，你的行为就是故意炫耀自己，他们心里难以接受。"亨莉小姐听后恍然大悟。

她回去后就严格按照拿破仑·希尔的话要求自己，在公司几乎不谈自己的聪明以及那些曾经的成功；相反，她非常认真地倾听公司其他人口若悬河的谈论。很快，公司的同事们就改变了对她的态度，慢慢地，她成了公司最有人缘的人。

法国哲学家罗西法古说："如果你要得到仇人，就表现得比你的朋友聪明与优越；如果你想得到朋友，就让你的朋友表现得比你自己更聪明优越。"罗西法古毕竟是大哲学家，简单的一句话，就精确地道破了人与人之间相处的原则，也掌握住了人们在面对别人的优势与能力时的微妙心理变化，以及这种变化带来的结果。

为什么这样说呢？根据心理学家分析，当自己表现得比朋友更聪明和优越时，朋友就会感到自卑和压抑；相反，如果我们能够收敛与谦虚一点，让朋友感觉到自己比较重要时，他就会对你和颜悦色，也不会对你心存嫉妒了。

时下里流行一句话："玩深沉。"实际上，在各种场合适当让自己"深沉"一下，常常能显示出一个人的胸襟之坦荡，修养之深厚。

第三章

入世低调：猖狂必忍，虚怀若谷

从"自我"的圈子中跳出来

看轻自己，是一种风度、是一种境界、是一种修养。把自己看轻，需要淡泊的志向、旷达的胸怀、冷静的思索。

20世纪美国著名小说家和剧作家布思·塔金顿，在其声名鼎盛时期，曾于多个场合反复讲述这样一个故事：

那是在一个红十字会举办的艺术家作品展览会上，我作为特邀嘉宾参加了展览会，会上，有两个可爱的小女孩来到我面前，虔诚地向我索要签名。

"我没带钢笔，用铅笔可以吗？"我其实知道她们不会拒绝，我只是想表现一下一个知名作家的谦和及大家风范。

"当然可以。"小女孩们果然爽快地答应了，我看得出她们很兴奋，当然她们的兴奋也使我备感欣慰。一个女孩将非常精致的笔记本递给我，我取出铅笔，潇洒自如地写上了几句鼓励的话语，并签上我的名字。女孩看过我的签名后，眉头皱了起来，她仔细看了看我，问道："你不是罗伯特·萨波斯啊？"

"不是！"我非常自负地告诉她，"我是布思·塔金顿，《爱丽丝·亚当斯》的作者，两次普利策奖获得者。"

小女孩将头转向另外一个女孩，耸耸肩说道："玛丽，把你的橡皮借我用用。"

那一刻，我所有的自负和骄傲瞬间化为泡影，从此以后，我都时时刻刻告诫自己：无论自己多么出色，都别太把自己当回事。

把自己看得太重的人，常常使人生表现得难以理智；总以为自己了不起，不是凡间俗胎，恰似神仙降临，高高在上、盛气凌人；总以为自己是个能工巧匠，别人不行，唯有自己最行；总以为自己的工作成绩最大，记功评奖应该放到自己头上，稍不遂意便抱怨连天……

把自己看得太重的人，容易使自己心理失衡、个性脆弱、意志薄弱；容易使自己独断骄横、跋扈傲慢、停滞不前。

善于把自己看轻的人，总把自己看成普通的人，处处尊重别人；总觉得群众是最好的老师，自己始终是个小学生；即使自己贡献最大，也不居功自傲；处处委曲求全，为人谦虚和蔼。

把自己看轻，绝非一般人所能做到的。它是光明磊落的心灵折射，它是无私心灵的反映，它是正直、坦诚心灵的流露。

把自己看轻，它并不是自卑，也不是怯弱，它是清醒中的一种经营；也不是鄙视自己、压抑自己、埋怨自己，也不要你去说违心话，做违心事。相反，看轻自己，能使你更加清醒地认识自己。

学会"求人"

给予别人足够的尊重与友爱，即便曾是敌人亦有可能成为朋友，这会让你受益匪浅。

富兰克林总统年轻时，曾将所有的积蓄用来投资一家小印刷厂。那时候，他非常想争取到为议会印文件的工作，可是事情并不像想象中那么顺利。议会中有一位很有钱又能力出众的议员，非常不喜欢富兰克林，并且曾在公开场合斥骂过他。

第三章
入世低调：猖狂必忍，虚怀若谷

显然，这种情形对富兰克林而言是非常不利的，因此，富兰克林决心用尽一切办法使对方喜欢上自己。

那么，富兰克林是怎么做的呢？下面就是富兰克林亲述的经过：

"那时，我听说他的图书室中收藏了一本非常稀奇而特殊的书，于是我就寄了一封信给他，表示我极其渴望能够一睹为快，请求他将那本书借给我几天，好让我仔细地阅读一下。

"他没有拒绝，不久便叫人将书送了过来。大约过了一个星期，我把书还给他，同时又附上一封信，在信中我强烈地表达了自己的谢意。

"就这样，当我们再一次在议会中相遇时，他居然首先跟我打起了招呼，要知道，以前他可从来没有这样做过。从那以后，但凡我有什么请求，他都会不遗余力地帮忙，于是我们成了非常不错的的朋友。一直到他去世为止。"

富兰克林生活的年代，距今已有150余年，但他所使用的方法——扮演请求者角色，在今天看来，依然是非常有效的。在生活中，倘若我们遇到不易攻破的壁垒，不妨就效仿富兰克林的做法，将自己放在请求者或弱者的位置上去请求对方的帮助，相信你一定会有所收获。

从谏如流

人非圣贤，孰能无过？君子亦难免会有瑕疵。须知，"过也，人皆见之，及其更也，人皆仰之"。

古时有个叫邹忌的人，他身高8尺有余，长得星眸皓齿，一表人才。

55

一天早晨，邹忌起床穿戴整齐以后，一边照镜子一边问自己的妻子："我与城北的徐公相比，哪一个更好看？"妻子闻听此言，毫不犹豫地回答："当然是您了，徐公怎么能比得上您呢？"

邹忌口中的城北徐公是齐国当时有名的美男子，他不相信自己会比徐公更好看，于是又问他的小妾："我与城北的徐公相比，谁更好看？"小妾忙说："徐公怎么能和您相比啊，当然是您了！"

翌日，有客人来访，其目的是为求邹忌办事。邹忌与他寒暄过后，突然问道："我与徐公相比，谁更好看？"客人连忙答道："徐公不如您美。"

又过了一日，徐公来访邹忌，邹忌仔细端详对方的相貌，自认貌不如徐公。徐公走后，邹忌又照镜子仔细端详自己，更觉得自己无法与人家相提并论。于是，当天晚上邹忌躺在床上便开始琢磨起这件事来，最后他得出结论：妻子认为我更好看，是因为偏爱我；小妾认为我更好看，是因为惧怕我；客人认为我更好看，是因为有求于我。

于是，他来到朝堂拜见齐威王，说道："我自知自己貌不及徐公，妻子、小妾、客人赞我比徐公美，是因为一个偏爱我，一个惧怕我，一个有求于我。如今齐国沃野千里，辖120座城池，宫中嫔妃和身边的亲信，没有不偏爱您的；朝中的大臣没有不惧怕您的；全国的老百姓没有不有求于您的。由此看来，大王您受蒙蔽很深哪！"

齐威王听后当即表态："好！"于是下旨："所有大臣、官吏、百姓若能当面指责我的过错，可得到上等奖赏；上书劝谏我的，可得到中等奖赏；在公共场所批评、议论我的过失，传到我耳朵中的，可得到下等奖赏。"此命令刚一公布，群臣便纷纷前来进谏，好一番门庭若市的景象。而几个月后，则只是偶尔有人前来进谏；过了一年以后，齐国人就是想进谏也没什么可说的了。

此后，齐国君、臣、民上下一心，国势渐强，燕、赵、韩、魏等诸

第三章

入世低调：猖狂必忍，虚怀若谷

侯国纷纷前来齐国朝见。

这就是人们所说的在朝廷上战胜敌国。

能不能听得进自己不爱听、不喜欢的话，是衡量一个人做人境界的标杆。你甚至可以不同意、不接受别人的意见，但你不能拒绝别人发表意见。

为对手付出

为对手付出，是为人处世的一种长远谋略，一个人若能做到放低姿态为对手付出，那么他的人生必然会有所建树。

亚历山大与大流士在伊萨斯地区展开激烈大战，大流士兵败以后仓惶逃去。他昔日的一位仆人想法设法来到大流士身边，大流士向他询问了自己母亲、妻子和孩子们的状况，仆人回答说："他们都还活着，而且享受的待遇与您在位时一模一样。"

大流士听完以后，又向仆人问起自己的妻子是否保持着忠贞，仆人的回答依然是肯定的。于是他又追问仆人，亚历山大有没有威逼自己的妻子，对她强施无礼。仆人先发誓，随后说："陛下，您的王后跟您离开时一样，亚历山大是位最高尚和最能控制自己的英雄。"

大流士听完仆人的这番话语，双手合十，对天祈祷："啊！万能的宙斯大王！人世间帝王的兴衰之事都掌握在您的手中，既然您把波斯和米地亚的主权交给了我，我祈求您，如果可能，就不要让它被别人抢走。但如果我不能再保有这份权利了，我请求您千万别把它交给别人，就交给亚力山大吧！因为他的行为高尚无比，对敌人也不例外。"

对于世人而言，为别人付出已然不易，若是为对手付出则更是难上加难。所谓"同行是冤家"，竞争对手之间弥漫的多是阴谋诡计、尔虞我诈、打击报复，鲜有人想过去化干戈为玉帛。如果你有不同想法，希望和气生财，就要懂得为对手"付出"。这种付出既可是物质层面上的，亦可是精神层面上的。所谓精神层面的付出，就是要我们在对方陷入低谷之时，保持风度，不去落井下石；而在自己得意之时，尽量克制自己的情绪，不要趾高气扬，流露出得意之色。这样，你势必会得到对手的尊重。

韩信能忍跨下辱，登台拜将把名标

人浮于众，众必毁之，一个人若是太扎眼，必然会被周遭之人所仇视、所打压。聪明之人不但要善于守拙，而且在遭受屈辱之时，还要懂得忍耐，以图日后的发展。

韩信很小的时候就失去了父母，只靠钓鱼卖钱维持生活，经常受一位漂洗丝棉的老妇人的周济，屡屡遭到周围人的歧视。但是，韩信其人志向远大，他看到当时的政府昏庸无能，社会处于动荡时期，便潜心钻研兵法，练习武艺，相信终有一日自己能够出人头地。所以，他习惯佩戴宝剑，再加上韩信身材魁梧，气质不俗，所以走在街上比较扎眼。于是，韩信的麻烦来了。家乡淮阴地区的一帮地痞流氓觉得他太张扬，经常向他挑衅。

一次，韩信被一群流氓围住，当众羞辱。其中一个屠夫对韩信说："你虽然长得又高又大，还喜欢带着刀和剑，其实却胆小如鼠！你若是

第三章

入世低调：猖狂必忍，虚怀若谷

个真汉子，就用你的配剑来刺我，如果不敢，就从我的裤裆下钻过去！"

　　韩信分析了一下当时的形势：第一，自己孤身一人，寡不敌众，若是逞强必然吃亏；第二，当时的户籍制度颇为严格，不能随意离开家乡，倘若伤人必然有牢狱之灾；第三，秦朝的法律苛刻，一旦进了监狱，想活着出来就难了。于是，韩信俯下身，便当着众人的面，从那个屠夫的胯下钻了过去。从此，韩信尽量使自己更加低调，耐心等待时机的到来。

　　很显然，韩信此举并不是胆怯、懦弱，而是一种看清局面的睿智。

　　据说韩信叱咤风云之时，曾找过那个屠夫，当时屠夫很是害怕，以为韩信要来报胯下之辱，自认小命不保。没想到韩信并未追究往事，反而对屠夫善待有加，他对屠夫说："没有当年的'胯下之辱'，就没有今天的韩信！"

不战而屈人之兵

　　人们站在高处时，内心常会产生一种"会当临绝顶，一览众山小"的骄傲，而正是这种骄傲，让众多的人仅仅登上人生中的"一个小土包"而已。只有敢于正视自己的成就，以一种自谦和矜持的态度去走脚下实实在在的路，你才能够真正攀上人生之巅。

　　西汉刘邦驾崩以后，吕后总揽朝政，这期间南越王赵佗在岭南自治，不服朝廷管制。

　　朝廷大臣普遍认为赵佗根本不堪一击，纷纷劝说吕后出兵攻打赵佗，收复南越。他们说："南越为蛮族之邦，其军队不过是一帮乌合之众。昔日高祖皇帝无心攻打他们，便实行了安抚政策。现在我国兵强马壮，物资丰厚，正是讨伐南越的好时机！"吕后担心兵祸再起，没有同意立即发兵，然而她还是对南越王赵佗充满了鄙视。

长沙国和南越为邻，长沙王为了扩大势力，极力主张对南越用兵。长沙王见吕后不肯动武，于是建议禁止在南越边境上进行铁器交易，以遏制南越的发展。赵佗见朝廷政策有变，十分气恼，他便派军队攻陷了长沙国南部数县。吕后派兵反击，攻入南越国境内，平息了战争。

吕后死后，汉文帝即位，在南越的问题上依然没有一个明确的处理办法。一位反战的大臣对文帝说："我乃天朝大国，要打败小小的南越不在话下。可问题是，现在我军受不了南方的酷热潮湿，若打起仗来一定伤亡惨重。何况蛮族人生性野蛮，不好治理，我们胜了也会在南越的事情上大费精力，这样一来就得不偿失了。"

文帝觉得很有道理，便问这位大臣的看法。这位大臣回答说："做事不能为了虚名而受实害，如果皇上不在意取胜的虚名，那么就可以不去战胜南越，改攻伐为安抚。南越一旦受了皇上的恩惠，一定会感恩自省，消除对我国的敌意，这样国家就安宁了。"

文帝于是撤出南越国的汉军，对赵佗好言安慰。赵佗的亲人墓地在真定，文帝就将真定赐给赵佗，并派人按时祭祀。文帝又寻访赵佗的亲属，对他们礼遇优待，还亲封他们做了朝廷的高官。

赵佗知道这些事情后果然被感动了，从心里敬重文帝，他上表文帝请和，说："从前我不明事理，冒犯天朝的神威，现在看来我是罪孽深重啊！"赵佗请求以藩属国的身份，入京进贡。从此南部边境平静下来。

吕后武力征伐没有做到的事，文帝只靠安抚却做到了。文帝的罢兵一方面减少了伤亡，一方面也让赵佗感受到了大国的仁义，他从心里真正臣服了。

"虚"并不是真的弱，更不是害怕别人，而是利用一种明智的待人

第三章

入世低调：猖狂必忍，虚怀若谷

处事之道。老子曾经说过，"上善若水"，水比石头软，然而它却能将石头击穿（水滴石穿），人们倘若能够拥有这种虚怀若谷的心态，也同样能够克服众多困难，让人生和事业更上一层楼的。

低调不是低沉

聪明人总是把谦虚与恰当的自我标识有机地结合在一起，并由此而走上通向成功的大道。大智若愚既可以保护自己不受猜忌和伤害，又可以为自己的事业成功创造条件，令自己一鸣惊人。

1860年，林肯作为美国共和党候选人参加总统竞选，他的竞争对手是大富翁道格拉斯。

当时，道格拉斯租用了一辆豪华富丽的竞选列车，车后安放了一门礼炮，每到一站，就鸣炮30响，加上乐队奏乐，气派不凡，声势很大。道格拉斯得意洋洋地对大家说："我要让林肯闻闻我的贵族气味。"

林肯面对这种情形，一点也不泄气，他照样买票乘车，每到一站，就登上朋友们为他准备的耕田用的马拉车，发表了这样的竞选演说："有许多人写信问我有多少财产，其实我只有1个妻子和3个儿子，不过他们都是无价之宝。此外，我还租有一个办公室，室内有办公桌1张、椅子3把，墙角还有1个大书架，书架上的书值得我们每个人一读。我自己既穷又瘦，脸也很长，又不会发福，我实在没有什么可以依靠的，唯一可以信赖的就是你们。"

选举结果大出道格拉斯所料，竟然是林肯获胜，当选为美国总统。

人格境界的高低，是判断一个人如何的重要标准。一个人在物质方面追求太多，追求享受超出了自己所需，必然会降低自己的人格境界；而有较高人格境界的人，一般不会对物质生活过分讲究。虽然并不是说要有较高的人生境界，但在物质匮乏的情况下，能不能做到超然物外，却能看出一个人的人生境界如何。也许我们不难发现，一个人的物质生活怎样，与他的人格境界关系不大，至少可以说没有必然联系，人格境界也不决定于物质生活是否豪奢。我们看到的却是：由于降低了人格，貌似聪明，实际上却十分愚蠢。如果想使自己有较高的人格境界，首先就要从对物质生活上的"低姿态"做起。

善者不争

用争夺的方法，即使你得到了，也不可能会是你最想要的结果；但用让步的办法，你可以得到比期盼的更多，会有更大的惊喜。换言之：吃亏是福！

李士衡，宋朝时人。一次出使高丽要回来的时候，高丽方面赠送了许多礼品财物，李士衡并不在意，只是把它交给副使放置。出发前，副使发现船底有缝隙，还有渗水。于是，副使也没报告，只是不动声色地把李士衡得到的丝绸细绢垫放在船底，然后把属于自己的礼物放在上面，避免自己的东西受潮。

船到大海之中，由于回来时负载太重，而且风浪汹涌，有可能倾船的危险。船员要求把装载的东西全部扔掉，否则船翻人亡。副使也吓坏了，就急急地把船上的东西抛入大海。大约东西丢了一半时，风浪平息，航船稳定了。过后检点一下，丢掉的都是副使的财物，而李士衡的

第三章
入世低调：猖狂必忍，虚怀若谷

物品由于放在船底，除了受点潮湿，没有丢失一样。从这个故事就可看出，李士衡原先吃了亏，结果却是得益者。

人与人相处，如果怀着从不吃亏的心态，只知道占便宜，到最后，他很可能成为一个真正吃亏的人。从另一个角度看，生活中吃亏和受益就像我们常说的"祸兮福所倚，福兮祸所伏"的道理是一样的，互为因果。天地轮回，得失交替，平衡是一个永恒的主题。相互转化，相互循环，没有谁能永远吃亏或占便宜。

人们常说，吃亏的都是些傻子，但是我们相信，在适当的时候，他们口中的"傻子"肯定会起到重要的作用。当一个社会，一个国家，人人都能放下私心、放下姿态，不怕吃亏，乐于奉献，都愿意为了他人或者集体利益宁愿牺牲自己的利益，这个社会必定日渐和谐向上，这个国家的民族凝聚力将会很强很强。

自知者明

与别人较劲，做一些力所不能及之事，这对自己而言是毫无益处的，相反，甚至会给你带来祸事，贻笑大方。所以说，人贵在有自知之明，当然，这也是成功者所必备的一种素质。

池塘边住着青蛙一家，有一天小青蛙兄弟二人外出戏耍，恰巧一头大牛前来喝水，一不小心将青蛙哥哥踩死了。

青蛙弟弟马上跑回家，对父亲说："爸爸啊！我和哥哥出去玩儿的时候碰到了一只可怕的大怪物，它的头上生着两只角，身体有山那么大、那么壮，身后还拖着一条长长的尾巴，它一脚就把哥哥踩死了！"

青蛙爸爸虽有些悲伤，但觉得儿子将牛形容得那样高大可怕未免有些少见多怪，于是说道："其实那只不过是一只普通的牛而已，值得你这样大惊小怪吗？它是比我高一点，但也只是一点而已，你信不信？我不费什么力气就可以把自己变得像它一样高大？"说着它猛吸一口气，将肚皮鼓胀起来。

　　"我是不是看着和它一样大了？"青蛙爸爸问道。

　　"不，差得很远，那东西要比你大得多？"

　　"那么，是这个样子吗？"青蛙爸爸再次吸气。

　　"不还要更大！"

　　于是青蛙爸爸再三吸气，一次次地将肚皮鼓起，直至它变得像个气球。

　　"是不是这样大？"青蛙爸爸正说着，肚皮突然"啪"的一声炸裂开来。

　　人有自信肯定是件好事，但自信过高就会变成了自负。一个人一定要认清自己的能力有多高，认清什么更适合自己，而什么不适合自己，如此方能扬长避短、趋利避害。

知之为知之，不知为不知

　　承认自己有所知、有所不知，是一种智慧的人生态度。须知，唯其有所"不知"，才能成其"有所知"。

　　有一天孔子坐在教室里，曾参经过他的前面，于是孔子便叫住他："参！"曾参听到老师叫他，回过头来。于是孔子便告诉他说："吾道一

第三章

入世低调：猖狂必忍，虚怀若谷

以贯之。"就是说，我传给你一个东西。

这"一以贯之"的是什么呢？如果说是钱，把它贯串起来还可以，这"道"又不是钱，怎么能"一以贯之"呢？但曾子听了这句话以后，打了个拱说："是，我知道了。"孔子讲了这句话，自己又默然不语了。

同学们奇怪了，等孔子一离开，就围着曾参，问他跟老师打什么哑谜呢？夫子又传了些什么道给曾参呢？曾子没有办法，便告诉这些程度不够的同学说，老师的道，只有忠恕而已矣。做人做事，尽心尽力，对人尽量宽恕、包容，就此便可以入道了。

在这段言论中，孔子说"吾道一以贯之"，而曾子却自作聪明地解释为"忠"、"恕"两个反面，可见曾子并没有领悟老师的讲学内容。但曾子不敢正视自己的不足，所以才闹出了笑话。

把自己放低一些

在人生的道路上，要把自己看轻些。这忠告，尽管包含了几缕沧桑，但更多的是对自我的超越。它不是自卑，也不是怯懦，而是清醒中的一种苦心地经营。

1775年6月，在波士顿郊区来克星顿和康科德的抗英战斗爆发后的几个星期，乔治·华盛顿被提名为大陆军总司令的候选人，并获大陆议会投票通过。然而，年仅34岁的华盛顿眼睛里闪烁着泪花，对人们说了这样一句话："这将成为我的声誉日益下降的开始。"

是啊，华盛顿获得提名后，并没有陶醉于荣誉中，相反，他首先考虑的是自己与大陆军总司令所必须具备的条件之间的差距，以及不排除别人在背后议论、指指点点等。这就使他对自己以后的工作提出了更高的要求。我们是不是可以这样说呢？他把自己的位置放在最低处，看轻自己，为他以后当选为大陆军总司令，和荣任美国第一届总统奠定了人格基础。

诗人鲁藜曾说道："如果在一个群体里，老把自己当做主角，别人不仅不会接受，反而会嘲笑你。"把自己看轻不是自暴自弃，也不是胆怯懦弱。看轻自己，你的谦逊必能为大家所折服。你越看轻自己，就越能被人看重。

看轻自我的人总不轻易放弃。他们深知，自己的成功是上天的安排，然而，是否去追求成功却在于自我的努力。

看轻自我的人总是不知足，对于成功总是低调却执著地追求。聪明睿智，守之以愚；功被天下，守之以让；勇力振进，守之以怯；富有四海，守之以谦。

看轻自我的人，总是把过去的成功抛之脑后，在前进的道路上迈向更高的平台；看轻自我，是把面临的挑战作为一种潜在的动力，心静如水，勇敢地去迎接；看轻自我，是全身心地去展现自我，乐观、自信、充满活力。

第四章
姿态低调：素位而行，华而不炫

所谓"静水深流"，简单地说来就是我们看到的水平面常常给人以平静的感觉，可这水底下究竟是什么样子却没有人能够知道，或许是一片碧绿静水，也或许是一个暗流涌动的世界。无论怎样，其表面都不动声色，一片宁静。大海以此向我们揭示了"贵而不显，华而不炫"的道理，也就是说，一个人在面对荣华富贵、功名利禄的时候，要表现得低调，不可炫耀和张扬。

虚已者进德之基

做人不可无骨气，但是绝对不要有傲气，因为骄傲会使人变得无知，是一种可怕的不幸。

《战国策》记载：魏文侯太子击，在路上碰到了魏文侯的老师田子方，击下车跪拜，田子方不还礼。击于是大怒，说道："真不知道是尊贵者可以对人傲慢无礼，还是贫贱者可以对人骄傲？"田子方说："当然是贫贱的人对人可以傲慢，富贵者怎敢对人骄傲无礼？国君对人傲慢会失去政权，大夫对人傲慢会失去领地。只有贫贱者的计谋不被别人使用，行为又不合于当权者的意思，不就是穿起鞋子就走吗？到哪里不是贫贱？难道他还会怕贫贱？会怕失去什么吗？"太子见了魏文侯，就把遇到田子方的事情讲述了一遍，魏文侯感叹道："没有田子方，我怎能听到贤人的言论？"

生活中，人最大的问题，就是骄矜之气盛行。万千罪恶都产生于骄傲自大。骄横自大的人，不肯屈就于人，不能忍让于人。做领导的过于骄横，就不可能正确地指挥下属；做下属的过于骄傲，则难以服从领导的意志；做儿子的过于骄矜，眼里就没有父母，自然就不会孝顺。

骄矜的对立面是谦恭、礼让。要忍耐骄矜之态，就必须不居功自傲，加强自我约束。要常常考虑到自己的问题和错误，虚心地向他人请教与学习。在克服骄傲自大方面，古人为我们做出了很好的榜样。

第四章

姿态低调：素位而行，华而不炫

富贵不能淫

富贵者、当权者自身本来就容易有骄傲之势，看不起地位不如自己的人，但是作为统治者，如果不能礼贤下士、虚心求教，他就可能因为自己的骄矜之气而失去政权，富贵者则可能因此而失去自己的财势。

战国时期，有一个名叫景春的人。有一次，他与孟子相遇，便大肆夸耀起所谓的当时英雄，在他看来，当时的两位著名说客公孙衍与张仪乃是名副其实的"大丈夫"。公孙衍主张合纵，曾身佩五国相印，张仪主张连横，身掌秦国的相印，这两个人都是手握生杀大权、叱咤风云的人物，故而是当之无愧的"大丈夫"。景春还炫耀说，公孙衍、张仪二人只要生气，随时都有可能发动起战争，令各路诸侯胆颤心惊，而只要他们一平静下来，天下也就随之太平了，这不正是七尺男儿所应学习、效仿的吗？

孟子尊崇儒家学说，对于公孙衍、张仪这类专搞纵横捭阖、阴谋诡计，常会为一己私欲无端挑起战乱的人，原本就心存反感，而景春竟然在他面前推崇二人为"当之无愧的大丈夫"。于是，当下孟子便板起脸，对景春进行了义正辞严的驳斥，他说：

"男子16岁时，父亲要训导他，女儿出嫁时，母亲要训导她，并将其亲自送到男方家门口，告诉她一定要尊敬男方家的长辈，要洁身自好，不要忤逆丈夫，以顺从丈夫为正理，这是为人妻子的准则。居住在天下最广大的居所里，站立在天下最正大的位置上，行走在天下最广阔的大道上，能实现志向就与民众一起去实现，不能实现志向就独自固守自己的原则，不受富贵诱惑，不为贫贱动摇，不为武力屈服，这才叫大丈夫。而公孙衍和张仪只不过是无原则地顺从君主、低眉顺眼、趋炎附势的人。这算什么大丈夫！"

与公孙衍、张仪一样，曹操亦曾权倾天下，功高振主。但不同的是，他知逊让、晓谦退，故天下莫能奈何，所以他也就遂了自己志愿，称得上是善始善终。

总之一句话，人处富贵之中，切记要保持头脑的清醒，谦虚谨慎，决不可恣意妄为，嚣张跋扈。

一粥一饭来之不易

"锄禾日当午，汗滴禾下土。谁知盘中餐，粒粒皆辛苦。"——这首诗谁没读过？可是又有几人在富贵之后，依然能够勤俭谦逊，而不奢侈张扬呢？

邻居一对老人，儿子在寺院中借读，参习一些禅理、佛法。二老思子心切，偶尔便会前去探望一下，回来自然免不了要向我们讲述自己在寺庙中的所见所闻，这其中最令我们瞠目的便是寺庙中吃饭的场景。

据二老说，他们初到寺院的第一天，儿子便悉心关照：打饭打菜时，一定要少打些，能吃饱就行，饭菜只要打到碗里，就一定要吃光吃净，即使是一粒米也不要倒掉。因为寺庙中的食物属于"百家饭"，都是各方施主善意布施的，浪费一丁点儿都是罪过。另外，吃饭时，不可左顾右盼、不可相互交谈。一番话把二位老人说得面面相觑，但是一想到出家人有出家人的规矩，只能如儿子所言，只打了少许的饭菜，将思

第四章
姿态低调：素位而行，华而不炫

子之情憋在心里，默默地吃着。

平常人家，有谁家吃饭时个个正襟危坐、眼睛只盯着饭菜、嘴巴只顾咀嚼呢？这二位老人吃了片刻，实在管不住自己，也是出于好奇，便抬头看了看对面僧人如何吃饭。果不其然，个个正襟危坐，目不斜视。忽然，对面有一僧人不慎将一棵青菜掉在桌子上，这位的僧人很自然地将其夹起，放在嘴里咀嚼起来。二老看得瞠目结舌，此时才相信儿子所言非虚，于是相互使了个眼色，低下头，捧起碗，将饭菜吃了个一干二净，一粒也未曾剩下。

翌日一早，二老来到斋堂用早餐，这可把他们难住了，只见百余僧人端坐一堂喝粥，竟然听不到喝粥的声音。这该如何是好！——普通人谁喝粥不出声呢？正当二老百思不得其解之际，细心的母亲突然发现，那粥煮得非常糜烂、粘稠，其中根本看不清米粒，如果用心、细心一点儿，用筷子轻轻将其划入口中，就不难做到"喝粥无声"。

两天下来，二老发现，这寺院中根本没有泔水桶。的确，以这种吃饭的方式，又何来泔水呢？

古人向以节约为美德，以浪费为恶行。时至今日，在某种价值观的驱使下，人们的思想多少有些变了味道。其实，做人还是低调、谦逊一点好，应以有时当无时，而不是将无时当有时。

步步为营才能步步高

"做人要脚踏实地，一步一个脚印"。无论此时大富大贵也好，抑或平平淡淡也罢，都不要让年华虚度，这样的人生才会处处有精彩。

鉴真和尚刚刚剃度循入空门时。寺里的住持让他做了寺里谁都不愿做的行脚僧。

有一天，日已三竿了，鉴真依旧大睡不起。住持很奇怪，推开鉴真的房门，见床边堆了一大堆破破烂烂的芒鞋。住持叫醒鉴真问："你今天不外出化缘，堆这么一堆破芒鞋做什么？"

鉴真打了个哈欠说："别人一年一双芒鞋都穿不破，我刚剃度一年多，就穿烂了这么多的鞋子，我是不是该为庙里节省些鞋子？"

住持一听就明白了，微微一笑说："昨天夜里落了一场雨，你随我到寺前的路上走走看看吧。"

寺前是一座黄土坡，由于刚下过雨，路面泥泞不堪。

住持拍着鉴真的肩膀说："你是愿意做一天和尚撞一天钟，还是想做一个能光大佛法的名僧。"

住持捻须一笑继续说："你昨天是否在这条路上走过？"

鉴真说："当然。"

住持问："你能找到自己的脚印吗？"

鉴真十分不解地说："昨天这路又坦又硬，小僧哪能找到自己的脚印？"

住持又笑笑说："今天我俩在这路上走一遭，你能找到你的脚印吗？"

鉴真说："当然能了。"

住持听了，微笑着拍着鉴真的肩说："泥泞的路才能留下脚印。"

没有今日的艰苦跋涉，哪来明日的攀上巅峰？然而，这世间却总有些人肤浅至极，一旦有了些许成就便得意忘形、手舞足蹈起来，所以常会失足跌落深谷，就此万劫不复。

第四章

姿态低调：素位而行，华而不炫

别太把自己当回事儿

人生在世，各有各的位置，各有各的价值，我们每个人都不能不重视自己，当然也不应把自己太当一回事儿。

有一只黑雁从小生长在雁群中，但是后来它觉得自己和其他伙伴越来越格格不入了。随着黑雁不断长大，它的身躯变得比一般的伙伴都要庞大，而且它是一身黑色，这样看来，它简直就是这个群体中的异类了。

同伴们并没有因为它的与众不同而排挤它，但是它却开始瞧不起自己的同伴了。

"它们一个个那么瘦小，真是可悲，而且颜色还那么难看，哪有我这种黑色高贵！哦！生活在这样一个家庭里真是太不幸了，我本来应该和黑色的乌鸦生活在一起的……"

黑雁觉得乌鸦的生活很有情调，就像一位高贵的黑衣妇人，可以整天什么都不干，闲的时候还可以唱唱歌。于是，黑雁一心一意想要搬去和乌鸦同住。可是，乌鸦发现黑雁长得和自己不一样，而且声音也不一样，因此不想让它和自己一起住。

乌鸦带着厌恶的口气说："难道你不知道吗？你和我根本就不是同一类，你再怎么高贵也只是一只大雁，我不会喜欢你的……"

吃了闭门羹的黑雁无可奈何地只好回头去找它原来的伙伴。

"你不是看不起我们吗？和我们在一起会给你丢脸的，你还是走吧，这里没有人欢迎你！"

于是黑雁只好孤单地离开了雁群，在天空中发出凄凉的叫声。

生活中，类似黑雁的"拿自己太当回事儿"的人还真不少。有的人刚当上个小小的什么领导，就仿佛做了皇帝；有的人刚发了一点小财，就仿佛成了亿万富翁；有的人刚有了点小名气，就沾沾自喜。这种人妄自尊大、目空一切、自我膨胀，好像生来就高人一等，无人可比。其结果呢？往往是众叛亲离。

穿别人的鞋子

很多人之所以无法吸引他人，是因为他们的心灵与外界是隔绝的，他们过分专注于自己，进而忽略了别人的感受，久而久之，也就使自己陷入了孤独的境地。

日本歌舞大师勘弥在一次演出中，扮演一位古代徒步旅行者。正当他即将登上舞台时，一位学生提醒道："老师，您的草鞋带子松了。"勘弥点头称谢，随即俯下身将鞋带系紧。

而当他走到学生视线看不到的舞台入口处时，却又蹲下了身，将刚刚系紧的鞋带再次弄松。

显然，大师的目的是想要通过草鞋带子的松垮，让观众体会到这个旅行者长途旅行的疲态。演戏细腻到如此境地，勘弥大师确实不同凡响。

这一幕，恰巧被一位赶到后台准备采访的记者看到。演出结束以后，记者询问大师："您为什么不当时指教学生呢？他不懂这演戏的真谛呀。"

| 第四章

姿态低调：素位而行，华而不炫

勘弥大师回答说："别人的关爱与好意必须坦然接受。要教导学生演戏的技能，今后有的是机会，而在今天这种场合，最重要的是要以感谢的心去接受别人的提醒，并适时给予回报。"

很多人心中都怀有这样的热望：我多么希望能吸引多一些的朋友，我多么希望大家都愿意与我亲近，多么希望能够成为朋友的中心。只是因为他们生性孤傲，他们不允许别人指出自己的错误，更别提那本不是什么错误，因而他们身上缺少了吸引朋友的磁力，所以他们的愿望最终也就无法实现。

施恩勿张扬

帮了别人，就觉得自己是救世主，优越感油然而生，高高在上而不可一世，如此常会引发相反的效果。

以前，有个人准备去向村里的老乡借钱，打算年关时为妻儿老小置办点年货。他的运气还不错，那天老乡的心情很好，爽爽快快地借给了他3块大洋，末了还大方地说道："乡里乡亲的，拿去用吧，这钱就不用还了！"该人接过钱，小心翼翼地将其包好，便匆匆赶往集市。老乡看到平日里非常坚强的这位老乡居然开口向自己借钱，于是非常得意，又追出房去，冲着该人的背影大声喊道："不用还了！"

翌日清晨，老乡打开房门，发现自家院内的积雪已经被人彻底清扫，甚至连屋瓦也被扫得"纤尘不染"。他急忙派家丁去村中打听是何人所为，得到的答复竟是那位向自己借钱的人。老乡恍然大悟：自己的那一声大喊，大大伤害了对方的自尊，因为周围的邻里一定听见了自己的喊声。他同时明白到，给予别人一份施舍，只能将对方变为乞丐。于是，他匆匆来到该人住处，让对方写下了一份借据，那人因而流出了感激的泪水。

"施恩"与"施舍"只有一字之差，但它所包含的意味则是截然不同的。生活中有很多人亦如村中的那位首富一样，给予别人些许帮助，就觉得自己很了不起，于是姿态高傲，四处传播，生怕别人不知道一样。如此一来，虽然他们的确帮助了别人，但却未能在自己的人情账户上增入分毫，因为他们高高在上的姿态，已然伤害了对方的自尊，从而将这笔人情账抵消了。

为富不能不仁

　　金钱本身并无善恶之别，而是取决于使用金钱的人如何来运用它。金钱可以购买军火、毒品；同样也能够用来建造医院、学校。金钱用来造福社会，它就是善的；用来毒害社会和大众，它就是恶的。

　　释圆大师云游到一个地方。他拖着疲惫的身体，感到又饥又渴。走着走着，眼前出现了两座房子：其中一座非常华丽，另一座却非常破旧。

　　释圆大师心想：我若是借宿于那华丽的房子，相信不至于给房主带来负担。于是，大师敲了敲华丽房子的门。一会儿，一个穿着很得体的男人开了门，问道："你有什么事？"

　　大师回答说："我出远门，途中至此，不知是否方便借宿一宿？"

　　那男人用非常不屑的眼神上下打量了大师一番之后，他觉得：这人

| 第四章 |

姿态低调：素位而行，华而不炫

衣着朴素，行囊简单，可见不是有钱人。于是，男人说："不行，我的房子怎么能让你住呢？我的房间里有那么多的药材、种子，没有空地了。假如每一个来敲门的人都要求借宿，那怎么能住得下呢？再说了，我哪有那么多食物给你吃啊！"说完，房主就关上了门。

这是一个充斥着金钱气息的社会，人与人之间的关系，因为金钱而变得变幻难测。"贫居闹市无人问，富在深山有远亲。"——这似乎已经成为一种令人叹息，却又无奈的"正常现象"。须知，金钱不是万能的，人性理应扛得住金钱的诱惑，毕竟我们的生活中不能只有金钱存在。

被微笑拯救的生命

只要是人，他的身上就总有人性的光辉，只是有时被一些外在的阴影遮盖住了。一个微笑，就像阳光一样刺穿了阴影，让人性中的善得以发扬，让人与人的距离骤然拉近。因为微笑就意味着友爱，意味着对别人的信任与尊重。

在西班牙内战期间，我参加了国际纵队，到西班牙参战。在一次激烈的战斗中，我不幸被俘，被投进了单间监牢。

对方那轻蔑的眼神和恶劣的待遇，使我感到自己像是一只将被宰杀的羔羊。我从狱卒口中得知，明天我将被处死。我的精神立刻垮了下来，恐惧占据了全身。我双手不住地颤抖，伸向上衣口袋，想摸出一支香烟来。这个衣袋被搜查过，但竟然还留下了一支皱巴巴的香烟。因为手抖动不止，我试了几次才把它送到几乎没有知觉的嘴唇上。接着我又去摸火柴，但是没有了，它们都被搜走了。

透过牢房的铁窗，借着昏暗的光线，我看见一个士兵，一个像木偶一样一动不动的士兵。他没看见我，当然，他用不着看我，我不过是一件无足轻重的破东西，而且马上就会成为一具让人恶心的尸体。但我已顾不得他会怎么想我了，我用尽量平静的、沙哑的嗓音，一字一顿地对他说："对不起，有火柴吗？"

他慢慢地扭过头来，用他那双冷冰冰的、不屑一顾的眼神扫了我一眼，接着又闭了一下眼，深吸了一口气，慢吞吞地踱了过来。他脸上毫无表情，但还是掏出火柴，划着火，送到我嘴边。

在这一刻，在黑暗的牢房中，在那微小但又明亮的火柴光下，他的双目和我的双目撞到了一起，我不由自主地咧开嘴，对他送上了微笑。我也不知道自己为什么会对他笑，也许是有点神经质，也许是因他帮助了我，也许是因为两个人离得太近了，一般在这样面对面的情况下，人不大可能不微笑，不管怎么说，我是对他笑了。我知道他一定不会有什么反应，他一定不会对一个敌人微笑。但是，如同在两个冰冷的心中，在两个人的灵魂间撞出了火花，我的微笑对他产生了影响。在几秒钟的发愣后，他的嘴角也开始不大自然地往上翘。点着烟后，他并不走开，却直直地看着我的眼睛，露出了微笑。

我一直保持着微笑，此时我意识到他不是一个士兵、一个敌人，而是一个人！这时他好像完全变成了另一个人，从另一个角度来审视我。他的眼中流露出迷人的光彩，探过头来轻声问："你有孩子吗？"

"有，有，在这儿呢！"我忙不迭地用颤抖的双手从衣袋里掏出票夹，拿出我与妻子和孩子的合影给他看，他也赶紧掏出他和家人的照片给我看，并告诉我说："出来当兵一年多了，想孩子想得要命，再熬几个月，才能回家一趟。"

我的眼泪止不住地往外涌，对他说："你的命可真好，愿上帝保佑

第四章
姿态低调：素位而行，华而不炫

你平安回家。可我再不可能见到我的家人了，再也不能亲吻我的孩子了……"我边说边用脏兮兮的衣袖擦眼泪、擦鼻子。他的眼中也充满了同情的泪水。

突然，他的眼睛亮了起来，把食指贴在嘴唇上，示意我不要出声。他机警地、轻轻地在过道巡视了一圈，又踮着脚尖小跑过来。他掏出钥匙打开了我的牢门。我的心情万分紧张，紧紧地跟着他贴着墙走，他带我走出监狱的后门，一直走出城。之后，他一句话也没说，转身往回走了。

我的生命被一个微笑挽救了……

炎热的盛夏时节，微笑足以令人神清气爽；苍茫寒冷的寒冬腊月，微笑足以令人感受到春天的到来；当人们遭遇挫折之时，微笑就是最好的鼓励；当人们产生矛盾以后，微笑足以令彼此冰释前嫌……笑是阳光、是雨露，滋润着我们的人生，微笑就是在这世间最美丽的音符。

让对方的拳头打在棉花上

面对无理取闹之人，最有效的方法就是不予理睬，即便对方暴跳如雷也要依然故我。其实很多时候，沉默便是最好的还击。

曾有一位不速之客突然闯入石油大王洛克菲勒的办公室，且直奔他的办公桌，一边咆哮，一边以拳头猛击桌面："洛克菲勒，我恨你！我有绝对的理由恨你！"

接着，那暴怒的闯入者便破口大骂，滔滔不绝长达10分钟之久。美孚公司在场的员工都感到气愤异常，认为洛克菲勒一定会拾起桌上的墨水瓶向他砸去，或是干脆吩咐保安将其带走。然而让所有人目瞪口呆的是，洛克菲勒并没有采取这些措施。他先是停下手中的工作，然后用和善的眼神注视着这位不速之客，对方越暴躁，他的表情就越和善！

那名无礼的暴徒也被洛克菲勒弄得莫名其妙，于是逐渐平静下来。要知道，当一个人发怒时，倘若遭不到还击，就会像拳头打在棉花上一样，感觉无处着力，故而是坚持不了多久的。片刻，他吁了一口气，告诉洛克菲勒他是故意来找茬的，并且想好了洛克菲勒将会怎样反击，而他再用事先想好的话语做进一步的攻击。但是，洛克菲勒始终不开口，这令他感到不知所措了。

最后，他不解气似的又在洛克菲勒的办公桌上敲击几下，见仍未得到任何回应，只得索然无味地转身离去。再看洛克菲勒，依然是那副神情，如同什么都没发生一样，重新拿起笔，继续自己的工作。

如洛克菲勒身份之显耀，亦能如此隐忍，可见其为人是何等的智慧，何等的有深度。那么我们呢？论地位、论财富，自然不能与洛克菲勒相提并论，但要做到"忍气吞声"，卸去对方的暴戾，想必并不容易。若如此，相信我们的生活中一定会少了很多麻烦。

护弱者自强

给予是福。能够时常关照和帮助别人的人，一定会得到别人丰厚的回报，这样的人永远是幸福的。

了缘大师出家之前俗名叫了了。

有一次，4岁的小了了和父亲、母亲在假日里到森林中去。森林里

第四章
姿态低调：素位而行，华而不炫

是那么美好，那么欢快。父母让了了看看盛开着铃兰花的林中旷地。

林中旷地附近长着一丛丛野蔷薇，一朵花开放了，粉红粉红的，芬芳扑鼻。

全家人都坐在灌木附近，父亲在看一本有趣的书。突然雷声大作，接着大雨如注。

爸爸把自己的雨衣给了妈妈，虽然她并不怕淋雨；而妈妈却又把雨衣给了了了，虽然他也并不怕淋雨。

了了问道："妈，爸爸把自己的雨衣给您，您又把雨衣给我穿上，你们干吗这样做呢？"

"每个人都应该保护更弱小的人。"妈妈回答说。

"那么，我为什么保护不了任何人呢？"了了问道，"就是说，我是最弱小的人啰？"

"要是你谁也保护不了，那你真是最弱小的人！"妈妈笑着回答说。

了了朝蔷薇丛走去，掀起雨衣的下部，盖在粉红的蔷薇花上；滂沱大雨已经冲掉了两片蔷薇花瓣，花儿低垂着头，因为它娇嫩纤弱，毫无自卫能力。

"现在我该不是最弱小的吧，妈妈？"了了问道。

"是呀，现在你是强者，是勇敢的人啦！"妈妈这样回答他。

纵然你家财万贯，白玉做马金似铁；纵使你位极人臣，翻手为云覆手雨，但倘若你只以强者自居，不见他人之苦、不能急他人之难，那么在别人看来你无非是个"纸老虎"，根本没有人会承认你的强大。请记住，真正的英雄是在济危扶困那一瞬间产生的。

只因"狂"字惹得

秋天相顾尚飘蓬,未就丹砂愧葛洪。痛饮狂歌空度日,飞扬跋扈为谁雄?!

中秋月圆,采石矶畔,一人身着锦衣,独自泛舟江中。他在舱中摆了一张小木几,上放一壶酒,一柄龙泉剑悬于舱壁。他自酌自饮,傲然自得,旁若无人。

酒入喉,喉生火;入愁肠,愁更愁,依稀往事顿涌心头。

想当年,"十五好剑术"、"三十成文章";"关山弄月影"、"天姥逐白鹿"——是何等的逍遥与畅快!

长安街头,衣带飘然,挥金如土,饮如长鲸,掩不住的浪漫气韵,抒不尽的亘古豪情,连那目空一切的四明狂客之一的贺知章亦甘拜下风。

金銮殿上,天子相迎,力士脱靴;沉香亭畔,牡丹花开,《清平调》生。兴酣落笔摇五岳,诗成笑傲凌沧洲,"何当试剑向天啸,敢问苍天谁风流!"

奈若何,那贼子高力士挂怀脱靴之辱,竟诬我将贵妃比飞燕,自此仕途多羁绊,抱负成空空对酒。

罢也罢,功名富贵若常在,汉水亦应西北流,且与明月饮与歌!

夜已深,酒已醉,那人趔趄起身,擎剑在手,于月下、于江中、于船上婆娑舞起,且舞且歌"五花马,千金裘,呼儿将出换美酒,与尔同消万古愁!"……

82

| 第四章 |

姿态低调：素位而行，华而不炫

舞罢，他擎剑在手，傲立船头，依然是那般的卓尔不群、目空一切。低头间，他突见江中一轮明月洁白滚圆，他欣喜万分，要知道这剑、酒、月三样可是他生平的最爱。一阵微风荡来，水面顿起縠皱波纹，洁白的月影上平添几条黑纹。他大急，以为是这江水弄脏了月亮。他顾不得脱靴挂剑，张开双臂向"月亮"扑了过去，水中的月亮被震破了，而人再也没有上来……

"青山太白坟如故，荷插埋尸， 不知那答儿是春住处"……

"狂"是一把剑，刺伤不了别人，就刺伤了自己，或是在刺伤别人的同时，自己也是伤痕累累。剑本利器，所谓兵者，不祥之物也。

看李白其人，论才华当世无人能及，又满腔抱负，志存高远。只可惜他自负过高，狂荡不羁，终不能为当朝所容，屡次被贬，一生不得志，冷冷清清地走完了人生的最后一段路程。这是不是该让我们警醒一些呢？

尊重人生中的每一位观众

请记住，任何人都有自己的自尊，尊重别人你才会被人尊重，你的事业才会蓬勃发展，你的人生才会圆满如意。

豪华·哲斯顿被公认为魔术师中的魔术师。40年间，他游走在世界各地，一再地创造幻象，所有观众都被他神奇的表演深深吸引。40年来共有6000万人买票去看过他的表演，他赚了几乎200万美元的利润。

豪华·哲斯顿最后一次在百老汇上台的时候，卡耐基花了一个晚上待在他的化妆室里，想请哲斯顿先生告诉他成功的秘诀。哲斯顿告诉卡耐基，关于魔术手法的书已经有好几百本，而且有几十个人跟他懂得一样多，因此，他的成功并不是因为他的魔术手法与众不同。

但他有两样东西，其他人则没有。第一，他能在舞台上把他的个性显现出来。他是一个表演大师，了解人类天性。他的所作所为，每一个手势，每一个语气，每一个眉毛上扬的动作，都在事先很仔细地预习过，而他的动作也配合得分秒不差。第二，就是他十分尊重观众。他告诉卡耐基，许多魔术师会看着观众对自己说："坐在底下的那些人是一群傻子，一群笨蛋。我可以把他们骗得团团转。"但哲斯顿的方式完全不同。他每次一走上台，就对自己说："我很感激，因为这些人来看我表演。我要把我最高明的手法，表演给他们看。观众可不是傻瓜，只要我出一点错，他们马上就会发现的，所以我要认真再认真。"

他说，他没有一次在走上台时，不是一再地对自己说："我爱我的观众，我爱我的观众。"也正因为有了对观众的尊重，才使得他的表演更具吸引力。

豪华·哲斯顿完全掌握了做人的一项重要原则：小瞧别人的人，是不会受到别人的尊重和认可的。他尊重他的每一位观众，对他来说魔术不是唬骗观众，而是与观众交流感情的工具。因此他博得了观念的好感，在魔术表演上取得了巨大的成功，他的魔术表演，并不特别比别人的魔术师神奇，但他对观众的尊重却帮了他大忙，观众是敏感的，台上的魔术师是以怎样的态度对待他们的，他们立刻就可以感觉得到。

然而生活中，很多人却容易犯小瞧别人的毛病，他们总把别人想成笨蛋，这种态度就导致他们在行动时对人表现得不尊重，而不尊重别人的后果就是使自己不被认可。要想获得别人的友谊或感情，就要用心去改善自己的态度，并增进能让别人喜欢自己的品质，而这品质中最重要的一条便是学会尊重别人。

第四章

姿态低调：素位而行，华而不炫

以貌取人，智者不为

一些人很不起眼，甚至有某方面的缺陷，但这样的人未必就会成为生活中的失败者，他们往往生活得更好、事业更成功！

美国最受爱戴的总统罗斯福，8岁时，他的身体虚弱到了极点，呆钝的目光，露着惊讶的神色，牙齿暴露唇外，不时地喘息着。学校里的老师，唤他起来读课文，他便颤巍巍地站起，嘴唇翕张，吐音含糊而不连贯，然后颓然坐下，生气全无。老师虽然很同情他，但也认为他这一辈子大概只能这样度过：神经过敏，如果稍受刺激，情绪便受影响，处处恐惧畏缩，不喜欢交际，顾影自怜，毫无生趣。然而事实是怎样的呢？罗斯福渐渐地克服了自己的缺点，在他进入大学之前，他已是人们乐于接近，一个精神饱满、体力充沛的青年了。他经常在假期中到亚烈拉去追逐野牛，到洛矶山去狩猎巨熊，到非洲大陆去猎狮子。后来他又胜任了军队的艰苦生活，带领马队，在与西班牙的战争中，功绩显赫。他的老师和同学恐怕做梦也想不到那个畏畏缩缩的低能儿，最后竟然成为美国历史上最伟大的总统之一。

有一句老话叫"人不可貌相，海水不可斗量"，单看一个人的外貌就断定他是否有前途，是一件愚蠢的事情。生活中，总有人喜欢以貌取人，小看那些外表上有缺憾的人，其实缺憾有时也是一种动力，能帮助他们更快地走向成功。

善恶终有报

你觉得自己很强大？你认为自己可以肆无忌惮地欺凌别人？那你就错了！请记住那句话——善恶终有报。

有个女游客来到黑猩猩园区，看见有一只猩猩靠近，忽然玩心大起，想了一个方法要捉弄这只大猩猩。

只见她故意做出喂食的动作，黑猩猩不疑有诈，立即上前准备接受她的食物。然而，就在黑猩猩伸手要拿食物时，这个女游客突然将手缩回，并且得意地嘲笑着它。

这时黑猩猩似乎知道自己被人戏弄了，顿时气得变了脸，它突然朝着女游客的脸，吐了一大口的唾沫，这位妙龄女郎当场成了另一个可笑的"景点"。

动物园的管理员看见了，走了过来，并笑着说："你们可别欺负它喔！阿吉可是非常聪明的。"

据说，在此之前，有个中学生也受过类似的教训。

当时，他拿着香蕉想引诱阿吉，就在阿吉靠近拿取时，这个顽皮的学生却将香蕉送进了自己的嘴里。被欺负的阿吉一看，反应相当快，只见一大坨唾沫，直直地射向学生的脸上。

女游客戏弄黑猩猩时，一定是觉得黑猩猩是没什么智商的动物，欺负它、占它的便宜不会有任何风险，但没想到黑猩猩也不是好欺负的，自己反倒被吐了口水。真是一则有趣的案例，以万物之灵自居的人类，反而被自然界的动物教训了一顿，从这个故事中我们得到的教训就是：不要总想着欺负人，谁都不是好欺负的。

第四章

姿态低调：素位而行，华而不炫

富贵不忘行善

所谓"诸恶莫作，诸善奉行"，为富不仁者终食恶果，善长仁翁则多是福禄寿俱全，善始善终。

一对待人极好的夫妇不幸下岗了，不过在朋友、亲属以及街坊邻居们的帮助下，他们在小城新兴的一条商业街边开起了一家火锅店。

刚开张的火锅店生意清冷，全靠朋友和街坊照顾才得以维持。但不出3个月，夫妇俩便以待人热忱、收费公道而赢得了大批的"回头客"，火锅店的生意也一天一天地好起来。

几乎每到吃饭的时间，小城里行乞的七八个大小乞丐，都会成群结队地到他们的火锅店来行乞。

夫妇俩总是以宽容平和的态度对待这些乞丐，从不呵斥辱骂。其他店主，则对这些乞丐连撵带轰，一副讨厌至极的表情。而这夫妇俩则每次都会笑呵呵地给这些肮脏邋遢、令人厌恶的乞丐盛满热饭热菜。最让人感动的是夫妇俩施舍给乞丐们的饭菜，都是从厨房里盛来的新鲜饭菜，并不是那些顾客用过的残汤剩饭。他们给乞丐盛饭时，表情和神态十分自然，丝毫没有做作之态，就像他们所做的这一切原本就是分内的事情一样，正如佛家禅语所说的，这是一对"善心如水的夫妻"。

日子就这样一天一天地过着，一天深夜，附近的一家服装店里突然燃起了大火，火势很快便向火锅店蔓延过窜来。

这一天，恰巧丈夫去外地进货，店里只留下女主人照看。一无力气二无帮手的女店主，眼看辛苦张罗起来的火锅店就要被熊熊大火所吞没，着急万分之时，只见那班平常天天上门乞讨的乞丐，不知从哪里钻了出来，在老乞丐的率领下，冒着生命危险将那一个个笨重的液化气罐马不停蹄地搬运到了安全地段。紧接着，他们又冲进马上要被大火包围的店内，将那些易燃物品也全都搬了出来。消防车很快开来了，火锅店由于抢救及时，虽然也遭受了一点小小的损失，但最终给保住了。而周围的那些店铺，却因为得不到及时的救助，货物早已烧得精光。

人们总是瞧不起落迫的人，不愿做雪中送炭的事。其实只要我们多做善事，终会有善报。

尺有所短，寸有所长

夫尺有所短，寸有所长，物有所不足。智有所不明，数有所不逮，神有所不通。

皇帝的御橱里有两只罐子，一只是陶的，另一只是铁的。骄傲的铁罐瞧不起陶罐，常常奚落它。

"你敢碰我吗，陶罐子？"铁罐傲慢地问。

"不敢，铁罐兄弟。"谦虚的陶罐回答说。

"我就知道你不敢，懦弱的东西！"铁罐说着，显出了更加轻蔑的神气。

"我确实不敢碰你，但不能叫做懦弱，"陶罐争辩说，"我们生来的任务就是盛东西，并不是用来互相撞碰的。在完成我们的本职任务方面，我不见得比你差。再说……"

"住嘴！"铁罐愤怒地说，"你怎么敢和我相提并论！你等着吧，要

| 第四章 |
姿态低调：素位而行，华而不炫

不了几天，你就会破成碎片，消灭了，我却永远在这里，什么也不怕。"

"何必这样说呢，"陶罐说，"我们还是和睦相处的好，吵什么呢！"

"和你在一起我感到羞耻，你算什么东西！"铁罐说，"我们走着瞧吧，总有一天，我要把你碰成碎片！"

陶罐不再理会铁罐。

时间过去了，世界上发生了许多事情，皇朝覆灭了，宫殿倒塌了，两只罐子被遗落在荒凉的场地上。历史在它们的上面积满了渣滓和尘土，一个世纪连着一个世纪。

许多年以后的一天，人们来到这里，掘开厚厚的堆积物，发现了那只陶罐。

"哟，这里有一只罐子！"一个人惊讶地说。

"真的，一只陶罐！"其他的人说，都高兴地叫了起来。

大家把陶罐捧起，把它身上的泥土刷掉，擦洗干净，和当年在御橱的时候完全一样，朴素、美观，毫光可鉴。

"一只多美的陶罐！"一个人说，"小心点，千万别把它弄破了，这是古代的东西，很有价值的。"

"谢谢你们！"陶罐兴奋地说，"我的兄弟铁罐就在我的旁边，请你们把它掘出来吧，它一定闷得够受的了。"

人们立即动手，翻来覆去，把土都掘遍了，但一点铁罐的影子也没有。不知道什么年代，它已经完全氧化，早就无踪无影了。

铁罐确实比陶罐结实，这是它的长处，只不过铁罐只看到了自己的长处，却没有看到陶罐的长处：美观，可以丝毫无损地保存上千年。它瞧不起陶罐，奚落陶罐，但结果呢？陶罐历经千年不朽，它却因为被氧化而无影无踪。这正如我们做人一样，用自己的长处去比较别人的短处，并为此洋洋自得，则往往不能笑到最后。

平常心看缺陷

在人世间，人是注定要与"缺陷"相伴，而与"完美"相去甚远的。所以不完美也是一种完美，承认自己的不完美是一种豁达、成熟，更是一种智慧！

还有一个男人，单身了半辈子，突然在43岁那年结了婚。新娘跟他的年纪差不多，但是她以前是个歌星，曾经结过两次婚，都离了，现在也不红了。在朋友看来，觉得他挺亏的，这不是一个好的选择，因为新娘身上的瑕疵太多了。

有一天，他跟朋友出去，一边开车，一边笑道："我这个人，年轻的时候就盼望着能开宝马车，可是没钱，买不起；现在呀！还是买不起新的，只能买辆三手车。"

他的确开的是辆老宝马车，朋友左右看看说："三手？看来很好哇！马力也足！"

"是的呀！"他大笑了起来，"旧车有什么不好？就好像我太太，前面嫁个广州人，又嫁个上海人，还在演艺圈待了20年，大大小小的场面见多了。现在老了、收了心，没有以前的娇气、浮华气了，却做得一手好菜，又懂得料理家务。说老实话，现在正是她最完美的时候，反而被我遇上了，我真是幸运呀！"

"你说得挺有道理的！"朋友陷入沉思。

他握着方向盘，继续说："其实想想我自己，我又完美吗？我还不是千疮百孔，有过许多往事、许多荒唐，正因为我们都走过了这些，所

第四章
姿态低调：素位而行，华而不炫

以两人都变得成熟、都懂得忍让、都彼此珍惜，这种不完美，正是一种完美啊！"

正因为这位男士能够承认自己的不完美，他才不苛求爱人的完美，结果两个有瑕疵的人才能凑到一起，组成一个幸福的家庭。从某种意义上看，人就是生活在对与错、善与恶、完美与缺陷的现实中，我们既然能从自己非常优秀与完美的现实中受益，为什么就不能从自己的缺陷中受益呢？

素位而行，安分守己

人能守本分，才能尽本事。就像小鸟飞翔在天空中，其嘹亮的歌声，为大自然增添了无尽的生气，这就是它们的本分和本事。

一位年轻人靠卖鱼维持生计。有一天，他一面吆喝，一面环视四周，注意看是否有人来买鱼。突然，一只老鹰从空中俯冲而下，从他的鱼摊叼了一条鱼后立刻转身飞向空中。卖鱼郎生气地大喊大叫，可是，老鹰丝毫不把他放在眼里，最后他只能无奈地看着那只老鹰愈飞愈高、愈飞愈远……

卖鱼郎气愤地自言自语："可惜我没有翅膀，不能飞上天空，否则一定不放过你！"那天他回家时，经过一座地藏庙，他就跪在地藏庙里，祈求地藏王菩萨保佑他变成老鹰，能展翅于天空。从此以后，他每天经过地藏庙的时候，都会进去虔诚地祈祷。

一群年轻人看到他天天向菩萨祈求，就很好奇地议论起来，其中一人说："这位卖鱼的人，每天都希望能变成一只老鹰，可以飞上天空。"

另一人说:"哎哟,他光傻傻地祈求,要求到何时?不如我们戏弄戏弄他!"大家交头接耳,如此这般,想出一招妙计。

第二天,其中一位年轻人先躲在地藏菩萨像的后面。卖鱼郎如期而来,照样虔诚地祈求、礼拜。这时,躲在菩萨像后面的那位年轻人就说:"你求得这么虔诚,我要满足你的愿望,你可以到村内找一株最高的树,然后爬到树上往下跳试试看。"

卖鱼郎一听菩萨显灵了,异常兴奋,忙点头称是。然后就非常欣喜地跑进村里找到一株最高的树,按照地藏菩萨的指示,爬到了树上。那株树实在太高了,他愈往上爬,愈觉得害怕,不过为了能像老鹰一样在空中自由地飞翔,他坚持向上爬。

终于,他爬上了树顶,向下看——"哇!这么高!我真的能飞吗?"那群年轻人站在大树底下,故意七嘴八舌地说:"你们看,树上好像有一只大老鹰,不知道它会不会飞?""既然是老鹰,一定会飞了!"

卖鱼郎听了心里很高兴,他想:我果然已变成一只老鹰了!既然是老鹰,哪里有不会飞的呢?于是展开双手,摆出展翅欲飞的姿势,纵身一跃,跳了下来。可是,他没有像想象的那样飞向广阔的蓝天,而是飞快地向地面坠落……最后幸好落在水草之中,保住了一条性命。

那些年轻人跑过来,幸灾乐祸地取笑他。他说:"你们笑什么?我是两只翅膀跌断了,不是飞不起来啊。"那些年轻人指着他,一个个笑得前仰后合说不出话来。

不要去妄想什么,只问自己该做什么——这就是素位而行,安分守己。

"分"是本分,"己"是指自己活动的范围,安分守己的意思就是指规矩老实,守本分。而在这个日新月异、崇尚物质的时代,又有多少人是规矩老实、坚守本分的呢?越来越多的人不能素位而行,安分守己,他们心存妄想,逞强好胜,只知道羡慕甚至嫉妒别人,最终导致失败。

第五章
行为低调：可进可退，顺势而动

人生如棋，一味冲撞的是阵前卒子，动辄倾尽身家性命。唯有将帅之风者才明白做事需要低调，知道何时该冲锋陷阵，何时该韬光养晦。做事需知过刚则易折，骄矜则招祸，应以忍辱柔和为妙方，刚柔并济，进退有度。

太清高不利于处世

人生在世，让我们看不惯的人或事会有很多，倘若将那些我们认为不够体面、不够洁净、不够善良等的人或事，统统拒之门外，那么莫要说事业有成，恐怕连正常生活都难以维持。

明成祖时，广东布政使徐奇进京朝见皇上，顺便带了一些岭南的藤席准备馈赠给朝廷中的官员。不料，京城的巡逻官把这些藤席截获，并将徐奇馈赠礼品的人员名单呈给了明成祖。明成祖反复看了几遍名单，见其中唯独没有太傅杨士奇的名字，觉得有必要问个究竟，于是立即召见了杨士奇。

杨士奇解释说："当初徐奇受命赴广东任布政使，离行前众官员都作诗为他送别，所以徐奇这次回京特用藤席回赠。那一次臣正好有病在身，没有赠诗给徐奇，不然的话，我这次也在馈赠之列。今天众官员的名字虽然都在礼单上，但他们不一定会接受徐奇的礼物，再说藤席乃岭南特产，徐奇馈赠藤席只是为了表达谢意，不会有别的目的。"

杨士奇这番话讲得自然得体，明成祖对他的疑惑打消了，也原谅了徐奇，命人把名单烧了，从此再也没有过问此事。

封建王朝，君权至高无上，君要臣死，则臣不得不死。倘若在受到皇帝召见时，杨士奇一味炫耀自己的"清"，非但难以得到赞赏，甚至还会引发皇帝的猜忌，更会令同僚对自己同仇敌忾。所以，杨士奇只是淡淡地表明自己与别人没什么不同，如此反而赢得了皇帝的信任，同时又帮了徐奇一把。这样的人，走到哪里都能够左右逢源。

第五章

行为低调：可进可退，顺势而动

古语有云："水至清则无鱼，人至察则无徒。"做人，有几分清高，讲一点操守，固然是好，可以使自己远离庸俗，不至堕落。但凡事不可过，过犹不及，"清高"之事同样如此。为人太过清高，纤尘不染，就会"皎皎者易污"、"曲高和寡"，极难取容当世。

曲己方能保身

当自己身处劣势或险境之时，不妨避其锋芒、委曲求全、以静制动，便可峰回路转化险为夷。

北魏节闵帝元恭，是献文帝拓扑弘的侄子。他在被尔朱氏拥立为帝之前，曾装聋作哑8年之久，其主要原因是为了规避孝明帝时期骠骑大将军元叉及孝庄帝元子攸的迫害。

孝明帝时，元叉因是灵太后妹夫，故在灵太后临朝时，权倾朝野，恃宠生骄，肆行杀戮，元恭虽为皇族，又担任常侍、给事黄门侍郎，但鉴于清河王元怿被害之事，总怛心有一天大祸会降临到自己身上，索性装病不出来了。那时候，他一直住在龙华寺，和谁也不来往。孝庄帝永安末年，有人告发他不能说话是假，心怀叵测是真，而且在民间也流传着他所住之处有天子之气的传说。元恭听到这个消息，急忙逃到上洛躲起来，但没过几天就被抓住送到了京师，囚禁了好几天。在此期间，元子攸曾派人假扮盗贼，于深夜盗抢元恭，并拔出刀假作要杀他之状，但从始至终元恭都未发出只言片语。于是元子攸对他聋哑之事深信不疑，又因抓不到什么证据，也就放了他。

公元530年，尔朱兆攻陷洛阳，杀了元子攸，改立长广王元晔为帝。那时，坐镇洛阳的是尔朱世隆，他觉得元晔世系疏远，声望又不怎么高，于是有心改立元恭为帝，但又担心元恭真是哑巴，于是便派尔朱彦伯前去见元恭，转述他们的意图。直到此时此刻，听说自己也能当皇帝的元恭才巧借孔夫子的话说出："天何言哉！"4个字，一方面表明自己并非真的是哑巴，一方面表示自己愿意当皇帝。彦伯大喜，将此消息回禀尔朱氏集团。于是在公元531年，元恭即位当了皇帝。

　　古往今来，凡能成大事者必是屈伸自如的伟丈夫。人生于世，所经受的不外乎两种处境：一是逆境，一是顺境。身处逆境之中，困难与压力自不必说，这时需懂得一个"屈"字，顾全大局、委曲求全，保存实力，以待时机。处顺境中，天时、地利、人和皆在我一边，这时当懂得一个"伸"字，乘风万里，扶摇直上！

忍一时为妙

　　人活于世，俗事本多，在无谓的冲突面前，要善于忍让，有时示弱即是强！

　　美国著名拳王乔·路易在拳坛上几乎所向披靡，少见对手，但在生活中，他却遇到了一位令自己"退避三舍"的人。

　　那天，拳王与朋友一起开车出游。行至半途，前方路面出现突发状况，情急之下，拳王只得猛踩刹车。他这一急刹车不要紧，后面一辆跟得很紧的轿车险些与他的车追尾。车子停住以后，那位司机暴跳如雷地跳了下来，指责乔·路易刹车刹得太急，接下来又破口大骂，说乔·路易的驾驶技术差劲，说着说着便准备动手，大有大打一场的架势。而乔

第五章

行为低调：可进可退，顺势而动

·路易从始至终除了道歉的话以外，便再无一语。最后，那个司机骂得没趣了，便启动汽车扬长而去。乔·路易的朋友对此感到十分不解，忍不住问他："刚才那个人如此无理取闹，你为什么不好好修理他一下？"乔·路易听后幽默地答道："如果有人侮辱了帕瓦罗蒂，帕瓦罗蒂是否应为对方高歌一曲呢？"

拳王的"忍"量确实不俗，若是他反击，何须使出全力，便可令对方满地找牙。但是他并没有这样做，而是选择以忍让来化解纷争，这着实难能可贵。

忍让是做人的一门学问，当别人冲撞你时，他的心里也未必安然，倘若你能化干戈为玉帛，化冲突为祥和，则势必会得到对方的尊重与拥戴。

忍让绝非懦弱，而是一种高尚的低调，是一种纵览全局气魄，更是一种善以待人的宽容。请记住：做人忍一时为妙！

得饶人处且饶人

一个人总是斤斤计较的话，做人也不会开心，生活中的一些小事根本就不值得太过计较。然而，生活中却有很多人习惯于斤斤计较，遇事就犯小心眼的毛病，结果无事常思有事，把自己的生活搞得一团糟。

1898年冬天，幽默大师威尔·罗吉士继承了一个牧场。

有一天，他养的一头牛，为了偷吃玉米而冲破附近一户农家的篱笆，结果被农夫杀死。依当地牧场的共同约定，农夫应该通知罗吉士并说明原因，但是农夫没有这样做。

罗吉士知道这件事后，非常生气，于是带着佣人一起去找农夫

97

理论。

此时，正值寒流来袭，他们走到一半，人与马车全都挂满了冰霜，两人也几乎要冻僵了。

好不容易抵达木屋，农夫却不在家，农夫的妻子热情地邀请他们进屋等待。罗吉士进屋取暖时，看见妇人十分消瘦憔悴，而且桌椅后还躲着5个瘦得像猴子的孩子。

不久，农夫回来了，妻子告诉他："他们可是顶着狂风严寒而来的。"

罗吉士本想开口与农夫理论，忽然又打住了，只是伸出了手。

农夫完全不知道罗吉士的来意，便开心地与他握手、拥抱，并热情邀请他们共进晚餐。

这时，农夫满脸歉意地说："不好意思，委屈你们吃这些豆子，原本有牛肉可以吃的，但是忽然刮起了风，还没准备好。"

孩子们听见有牛肉可吃，高兴得眼睛都发亮了。

吃饭时，佣人一直等着罗吉士开口谈正事，以便处理杀牛的事，但是，罗吉士看起来似乎忘记了，只见他与这家人开心地有说有笑。

饭后，天气仍然相当差，农夫一定要两个人住下，等转天再回去，于是罗吉士与佣人在那里过了一晚。

第二天早上，他们吃了一顿丰盛的早餐后，就告辞回去了。回家的路上，佣人忍不住问他："您不是打算讨公道吗？"罗吉士笑着说："那是原来的打算，当我看到那一家人后，我就不想再追究了，太小心眼了没什么好处！"

世人皆凡人，谁人能无错？除非是重大的原则性问题，否则你不依不饶的话，岂不是将对方视为圣人了？古人说得好："饶人不痴汉，痴汉不饶人。"但留一步与人走，或许会将你的敌人变成朋友，但凡事斤斤计较、不依不饶只能将朋友变成敌人。

第五章

行为低调：可进可退，顺势而动

能行忍者，乃可名为有力大人

> 能行忍者，乃可名为有力大人。若其不能欢喜忍受毁谤、讥讽、恶骂之毒，如饮甘露者，不名入道智能人也。

三国时期的智者诸葛亮率领大军北伐曹魏时，迎战的魏国大将司马懿虽然也是三国时代的名将，可是对诸葛亮灵活的战术常常觉得无计可施。吃了几次苦头后，干脆就闭城休战，采取不理不睬的态度来对付诸葛亮。因为他认定诸葛亮远道来袭，后援补给都很不方便，只要拖延时日，消耗蜀军的精力，最后一定可以把握良机，反败为胜。

果然，诸葛亮耐不住他的沉默战法，好几次派兵到城下骂阵，企图激怒魏兵，引诱司马懿出城决战，但魏兵在司马懿的控制下，一直闷声不响。所以，诸葛亮就想出了一招"激将法"，派人送给司马懿一件女人的衣裳，并附上一封信说："如果你不敢出城应战，就穿上这件衣裳，我们也就回去了。如果你是一个知耻的勇士，希望你堂堂正正地列阵决战。"

这封充满轻视的侮辱信果然在曹魏的军营里激起很大的反应，那些少年气盛的部将纷纷向司马懿说："士可杀不可辱，像这种欺人太甚的信公然送来，如果我们一味地沉默，未免太懦弱了。我们希望主将赶快下令，出城和蜀军决一生死。"

司马懿虽然也被激怒了，但他毕竟老谋深算，知道蜀军人人怀着建功的心愿而来，斗志昂扬，在没有力竭以前，绝不好缠；所以在紧要关头，仍勉强把心中的怒气压抑下来，讲了许多精神鼓励的话，把自己的军心稳住，终于没有让诸葛亮的计谋得逞。

就这样又坚持了数月，不幸诸葛亮病逝军中，此时蜀军群龙无首，只好悄悄退兵。不多久蜀帝阿斗因为昏庸无能，毫无大志，受不了司马懿大军压境，竟反过来向曹魏投降，蜀汉也就灭亡了。

如果司马懿为争一时之气贸然出城迎战，一战而败，那么结局就有可能发生改变，而历史也应该重写了。

争一世者不争一时

在形势不利的情况下，不妨忍一时之羞辱，作碌碌无为之假象，以屈求伸，便能起到一种迷惑敌人、缓兵待机、后发制人的作用。做将帅的，在战机未成熟时，应沉着冷静、不露锋芒，绝不可轻举妄动。

在楚、汉尚未发生正面冲突之时，高阳人郦食其前去见刘邦，准备向刘邦进策。他进门之时，恰逢刘邦正在洗脚，于是心生不悦，讽刺道："倘若你有消灭无道暴君之心，就不应该坐着迎接长者。"刘邦被讽刺后，非但没有勃然大怒，反而立即起身，穿戴整齐，请郦食其上座，并致以歉意，虚心求教。于是郦食其献策刘邦，先去攻打陈留，将秦朝囤积的粮草占为己有，这也为刘邦日后与各诸侯分庭抗礼奠定了一定基础。

再看项羽，引兵西进咸阳以后，杀秦降王子婴，火烧阿房宫。当时韩生劝谏项羽："关中阻山河四塞，地肥饶，可都以霸。"而项羽却说："富贵不归故乡，如衣绣夜行，谁知之者！"遂烹杀谏者，放弃了建都

第五章

行为低调：可进可退，顺势而动

关中形胜之地的良好决策。这已然为日后之败埋下了伏笔。

项羽入关以后，自持功高，实力雄厚，于是自行分封天下。刘邦先入汉中，按当初"先入定关中者王之"之约，理应为关中王，但项羽将其改封到汉中为王。刘邦本欲为关中王，刚开始不愿就范。此时萧何进言："汉水上应天汉。汉中，据有形胜，进可攻退可守，秦以之有天下。"刘邦听后，便采纳萧何之言，屈就汉王封号，招贤纳士以图天下。

项羽兵败垓下，800余骑趁夜突围南逃，至乌江边仅剩28骑。乌江亭长劝项羽，可过江东，再图大业。项羽却执意不肯，说道："且不说我当初带着八千子弟兵起事渡江，今日无一生还。即便江东父老怜悯我，愿意拥我为王，我又有何面目见他们？纵然他们不说，难道我自己心里就不愧疚吗？"遂拔剑自刎。

不难看出，楚汉之争很大程度上就是在"忍"字上分出的高下。刘邦能忍下人之言，遂广得人心，项羽不能忍下人之言，致人心背离；刘邦能忍一时之屈，遂一世称雄，项羽不能忍一时之屈，于是血染乌江。试想，倘若项羽能听那乌江亭长之言，过江而去，以他在江东的声望，拥兵再起，鹿死谁手或许真的就很难说了。可怜项羽盖世英雄，怎么就不知在"时不利兮"之时，暂且忍下，再待时机呢？

压住心头火

一个不能够克制自己的脾气的人，也就很难处理好自己的人际关系，试问谁愿意和一个"火药桶"共事呢？

在海军服役两年后，威拉德·斯科特于1958年回到了华盛顿。正如他所料想的，他以前服务的公司——全国广播公司正在等他回去工作。但是他没有料想到的是，公司换了新的老板，而且不知道是什么原因，这位新上司看起来好像不太满意他。

开始的时候斯科特尽量保持冷静，他努力工作，想向上司证明自己的实力。可是后来有一件事让他忍不住了，有个滑稽节目是斯科特和他的好友兼助手埃迪·沃克一直在主持的，但是新上司给他们安排的时间却差得不能再差了——将近午夜！

斯科特怒火中烧，他准备找老板大吵一架，哪怕因此丢掉饭碗也再所不惜。可是，他马上又想起了一句话："有见识的人不轻易发怒，宽恕别人的过失，便是自己的荣耀。"于是他冷静了下来，和埃迪·沃克接受了这一讨厌的时间安排。

他们任劳任怨、勤勤恳恳地干了3年后，这个节目成了华盛顿地区最受欢迎的滑稽节目。更为重要的是，他意识到了自己以前和老板打交道的时候也有错误。以前，因为知道老板不喜欢自己，所以作为报复，他要么对老板不客气，要么就是尽量离他远远的，总是把矛盾搞得更为激化。可是有一天，老板邀请他去参加一个电台工作人员的聚会，斯科特没有办法推辞，只好去了。在那里，斯科特见到了老板的未婚妻，那是个漂亮活泼、待人诚恳的好姑娘。斯科特想，这样美丽热情的姑娘又怎么会喜欢一个一无是处的男人呢？通过她，斯科特对老板的为人有了新的认识。

渐渐地，斯科特对老板的态度改变了，而老板对他的态度也逐渐改变了。最后，他们成了好朋友，他仍然在全国广播公司工作，后来还担任了一个节目的气象预报员。

如果不是那句话让斯科特冷静下来，如果他没能忍住那一时之气，没耐住那3年的辛苦，那么他也就不会成为公司里重要的一员了。

第五章

行为低调：可进可退，顺势而动

顺势低头，以情动人

当下属对你有所不从，而时局恰恰是牵一发动全身时，你不妨委屈一下自己，放下身份，以情动之，他们自然会乖乖就范。

石桥正二郎是日本著名的大企业家，在他的书中，记述了这样一件事。第二次世界大战后，在位于京桥的石桥总公司的废墟中，有10多家违章建筑。因此，律师顾问提出，若不及早下令禁止的话，后果将不堪设想。但在当时的情景下，如果硬性要求那些违章户立即搬走，必定会招致他们坚决的反对和拒绝，于是石桥公司没有出此下策，石桥夫人还来到现场和那些违章户谈话。对他们说："你们的遭遇实在值得同情，那么，你们就暂时住在这里，先多赚点钱，等公司要改建大厦时，再搬到别的地方去吧。"她这样专程地去拜访那些违章户，并且赠送慰劳品，如此体贴别人的难处，使那些居住在石桥总公司内的人，内心里十分感动。因此，当石桥大厦真的开工时，这些人不仅不再抱怨，而且还心怀感激地迁到别的地方去住了。

从处理事物的步骤来看，退却是进攻的第一步。现实中常会见到这样的事，出现矛盾的双方相持不下，各不相让，最后小事变为大事，大事转为祸事，这样往往导致问题不但不能解决，反而落得个两败俱伤的结果。其实，如果采取较为温和的处理方法，先退一步，使自己处于比较有理有利的地位。待时机成熟，便可以以退为进，成功地达到自己的目的了。

藏而不露，以待时机

"灵芝与草为伍，不闻其香而益香，凤凰偕鸟群飞，不见其高而益高。"人生于世，唯有善藏者，才能一直立于不败之地！

唐顺宗李诵在初做太子时，亦曾壮怀激烈，豪言壮语，憧憬着如何将天下治理得井井有条。然而在中国古代，皇室权力之争异常激烈，太子有能力、有魄力，自然是储君当有的条件，但倘若风头太健，就会召来父皇的猜忌，逐渐失去储君的地位。

当时，李诵对自己的幕僚表态："我一定要尽我之所能，劝服父皇革除弊政！"这位幕僚告诫他："身为太子，你首先要做的是尽孝道，多进宫向你的父皇问安，而不宜多参言国政。何况，革除弊政这是一个敏感的话题，你是在暗示皇上无能吗？而且你若是过分热心，别人就会认为你求功心切，在招揽人心，倘若皇上因此而疑心于你，你又该怎么办？"李诵听后顿如醍醐灌顶，自此缄口不言，做太子26年，只在一件事上发表过自己的意见，那就是阻止德宗皇帝任用裴延龄、韦渠牟等奸佞小人为宰相。如此，方有了唐朝后期著名的"顺宗改革"。

相比之下，隋炀帝的太子杨暕就差得多了。隋炀帝性本残暴，又好大喜功，早就感到儿子对自己不够尊重。有一次父子二人同于猎场围猎，炀帝两手空空，杨暕却满载而归，这下子炀帝可是颜面扫地，于是逮了个机会，便把杨暕给废了。

同是储君，前者深藏不露，终荣登九五；后者喜于表现，不避风头，后被罢黜。可见，对于锋芒何时"露"的把握，是一个人前途命运的关键。

第五章

行为低调：可进可退，顺势而动

让"他"做主

顺着别人的意图来，首先是促成与对方合作的一个前提和推动力量，但更主要的，这样做可以更顺利地达到自己的目的。

罗斯福做纽约州长的时候，完成了一项特殊事业。他与其他政治首脑们感情并不好，但他却能推行他们最不喜欢的改革。

他是如何做的呢？

当有重要位置需要补缺的时候，罗斯福请政治首脑们推荐。

"最初，"罗斯福说，"他们会推荐一个能力很差的人选，一个需要'照顾'的那种人。我就告诉他们，任命这样一个人，我不能算是一个好的政治家，因为公众不会同意。

"然后，他们向我提出另一个工作不主动的候选人，是来混差事的那种人。这个人工作没有失误，但也不会有什么很好的政绩，我就告诉他们，这个人也不能满足公众的期望。我请他们看看，能不能找到一个更适合这个位置的人。

"他们的第三个提议是一个差不多够格的人，但也不十分合适。

"于是我感谢他们，请他们再试一次。他们这时就提出了我自己选中的那个人。我对他们的帮助表示感谢，然后我说就任命这个人吧。我让他们得到了推荐人选的功劳……我请他们帮我做这些事，为的是使他们愉快，现在轮到他们使我愉快了。"

他们真的这样做了。

他们赞成各种改革，如公民服役案、免税案等，这使罗斯福工作愉快。

当罗斯福任命重要人员时，他使首脑们真正地感觉到，是他们"自己"选择了候选人，那个任命是他们最早提出的。

不放低怎登高

做人就是如此，没有在低处的积淀就很难筑起高楼玉宇。不要害怕别人的冷嘲热讽，毕竟做一个在低处修行的糊涂人只是暂时的。为了心中的那个梦，糊涂一点又何妨？

李志是一所理工大学的英语教师，他讲的课一直深受学生的欢迎，后来就为"托福"考试办培训班。在办班的几年时间里，李志除了赚取一定数量的钱之外，还开阔了眼界，脑筋变得灵活了。

他下决心干一番属于自己的事业，于是，他离开了曾经工作过6年的大学校园，到北京的一家俱乐部工作。北京的俱乐部大多数为会员制，要想有所发展，必须要大力发展会员。而在俱乐部里，衡量一个员工的工作业绩，主要是看他又发展了多少会员，以及售出去了多少张会员卡。他的上司告诉他，你现在唯一需要做的就是一件事：售卡。

李志的生活从此开始发生了180度的大转弯儿。如今，他变成了一个"厚脸皮"的推销员。那是一种什么样的感觉？他心理上的失落感十分强烈。他对自己的选择开始怀疑了，如果当时留在学校里教书不是挺好吗？

李志渐渐地发现，那些冷如冰霜的客气，其实还是对他最大的礼

第五章
行为低调：可进可退，顺势而动

遇，因为公司里的秘书小姐可以随便找个理由将他拒之门外。她们也知道该怎么对付推销员，在许多公司的大门上都贴着一句话：谢绝推销，推销人员禁止入内！在这种情况下，他得装出一副视而不见的样子，而且会大说特说其俱乐部的好处，一直说到别人大动肝火为止。

在一次专为外国人举办的酒会上，似乎没有人比他更为活跃了。别忘了，他能讲一口纯正、流利的英语，这让他一下子就与老外们打成了一片。他曾经一个下午同时向5个老外推销，结果竟然售出了6张会员卡，其中有1个人多买了一张，是送给他朋友的。每张会员卡3万美金，每售出1张会员卡，销售人员就可以从中提取10%～20%的佣金。这样，李志一下午的收入就十分丰厚了。

到了1998年初，他不用再"怂恿"别人去买会员卡了。他有良好的学历、良好的敬业精神和销售业绩，所以，他从销售员、销售经理、销售总监一直坐到了俱乐部副总裁的位置上。显然，如果没有当年的放低，哪里会有后来的成就呢？

吃得苦中苦，方为人上人

三百六十行，行行出状元！不要认为自己的工作"摆不上台面"，倘若你能成为这一行业的翘楚，别人同样会对你翘大拇指！

许多年前，一个妙龄少女来到酒店当服务员。这是她的第一份工作，因此她很激动，暗下决心：一定要好好干。她想不到上司会安排她洗厕所。洗厕所！说实话没人爱干，何况她从未干过这种粗重又脏累的活，细皮嫩肉、喜爱洁净的她干得了吗？她陷入了困惑、苦恼之中，也哭过鼻子。

　　这时，她面临着人生的一大抉择：是继续干下去，还是另谋职业？继续干下去——太难了！另谋职业——知难而退？她不甘心就这样败下阵来，因为她曾下过决心：人生第一步一定要走好，马虎不得！这时，同单位一位前辈及时出现在她面前，帮她摆脱了困惑、苦恼，帮她迈好了这人生的第一步，更重要的是帮她认清了人生之路应该如何走。他并没有用空洞的理论去说教，只是亲自做给她看了一遍。

　　首先，他一遍遍地抹洗着马桶，直到抹洗得光洁如新；然后，他从马桶里盛了一杯水，一饮而尽，竟然毫不勉强。实际行动胜过万语千言，他不用一言一语就告诉了少女一个极为朴素、极为简单的真理：光洁如新，要点在于"新"，新则不脏，因为不会有人认为新马桶脏，也因为马桶中的水是不脏的，所以是可以喝的；反过来讲，只有马桶中的水达到可以喝的洁净程度，才算是把马桶洗得"光洁如新"了，而这一点已被证明可以办得到。

　　同时，他送给她一个含蓄的、富有深意的微笑，送给她关注的、鼓励的目光。这已经够用了，因为她早已激动得几乎不能自持，从身体到灵魂都在震颤。她目瞪口呆，热泪盈眶，恍然大悟，如梦初醒！她痛下决心："就算一生洗厕所，也要做一名洗厕所最出色的人！"

　　从此，她振奋起来，工作质量也达到了那位前辈的高水平。当然，她也多次喝过马桶水，为了检验自己的自信心，为了证实自己的工作质量，也为了强化自己的敬业心。

第五章

行为低调：可进可退，顺势而动

在低谷中寻找机遇

环境突变，或许会令你陷入困境，但谁又知道这不是一次新的机遇呢？机遇处处都在，就看你怎样去把握。

奥纳西斯是一个很会赚钱的人。第一次世界大战之后，他心想，生产过剩、物价暴跌之后，经济必然再次繁荣，商品的价格一定回升，有的还会暴涨。毫无疑问，现在买便宜的商品，到那个时候就会获得成倍的利润。

可是买什么呢？股票、房屋、黄金……

这些东西，他都不买，他买的是经济危机之中最不景气的海上运输工具——轮船。他是这样分析的：世界经济一旦复苏，运输必须先行，他投入的钱就会像植物一样地疯长，利润就会源源不断地产生出来。有了这种认识，他马上开始行动了。

然而，到哪里去买船呢？

在这场经济危机中，加拿大一家国营运输企业几乎破产殆尽，最后不得不拍卖家业，其中正好有6艘货船，10年前每艘船的造价是200万美元，而现在每艘的价格却是2万美元。这个消息传到奥纳西斯的耳朵里，他差点跳了起来，急忙赶到加拿大买下了这6艘货轮。

在此后的几年内，经济危机愈演愈烈，当时就有很多人认为奥纳西斯当年干了一件蠢事，都认为他是疯子。可是奥纳西斯却整天笑眯眯的，对自己的决定充满了信心。

终于，奥纳西斯的运气来了，但不是因为经济复苏，而是第二次世界大战爆发了。无论是欧洲战场还是亚洲战场，到处都需要美国的各种物资。这时，谁有能力在太平洋、大西洋运输货物，谁就可以赚到大笔的钱。一时间，奥纳西斯的6艘货船成了6座浮动的金山……

第二次世界大战结束的时候，奥纳西斯已经成了拥有希腊"制海权"的商业巨头之一。话得说回来，如果不是战争，奥纳西斯发展的速度不会这样快，只要世界经济复苏，他就一定会发财。

第二次世界大战结束之后，世界经济开始复苏，奥纳西斯预见到，经济的发展必然刺激石油运费的猛涨，运输石油必然带来超额利润。于是，他把牙一咬：投巨资建油轮！

在第二次世界大战以前，奥纳西斯的油轮的载重量是1万吨，而到了1960年，就发展到10万吨了。1975年，奥纳西斯拥有的油轮达45艘，其中20万吨级以上的超级油轮就有20艘。这一艘艘大大小小的油轮，就像一台台造钱的机器，源源不断地为奥纳西斯制造出大量的财富。

1975年，奥纳西斯去世，享年69岁，他的资产高达十几亿美元，拥有一支世界上最大的私人船队，创办了好几家造船厂，买下了爱奥尼亚群岛上的一个岛，兼100多家公司，在世界各地的大城市都有办事处，他的矿山、土地等财产，没有人能说得清楚……

人生，没有过不去的山，如果你具备了正常的心态与坚强的意志，什么还能阻挡你前进的道路？一句名言说得好："困难，对于意志薄弱者而言，是块绊脚石，使他从此消沉；对于意志坚强者而言，是块垫脚石，使他站得高，看得更远。"人生在世，难免会有陷入低谷之时，低谷是锻炼意志的摇篮，站在低谷之中，我们应该大声地告诉自己："一切都可以从头再来！"

其实，只要我们以积极的心态去面对苦难，在低谷中反省、在低谷中寻找机遇，就一定能够获得意想不到的收获。

第六章
做事低调：能屈能伸，明哲保身

　　水无常形，随容器而变化千般，但水的本质并不会因此而改变。我们做事不可不学水的柔韧、圆润。其实，这世界上本无绝对公平之事，我们与其抱怨它的弊端，莫不如改变自己来适应它，这种能屈能伸的低调，才是明哲保身之道。

盈则损，直则折

　　锋芒，指的是刀剑等器的刀口和尖端，引申为人的才干显露在外表。在人与人的交往中，一个人的才智过高，如刀如锋，会让人有一种距离感，或是产生回避、逃遁的心理意识，以至成为你的阻力，成为你的破坏者。

　　汉代贾谊，名篇《过秦论》的作者，因才华横溢被河南太守吴廷尉召至门下，很是喜欢他。后来孝文帝继位，闻河南太守成绩显赫，而且此人曾经和李斯是同邑，并且从师李斯，于是征召他为廷尉。"廷尉乃言贾生年少，颇通诸子百家之书，文帝召之为博士"。

　　贾谊此时才年及弱冠，雄姿英发。每次朝政大事，诸老先生不能言，贾谊尽为之应对。诸生于是乃以为能力不及贾谊，纷纷不敢插话。孝文帝悦之，便越级提拔他，一年之内就官至太中大夫。

　　贾谊以为此时天下太平，汉朝江山稳固了，因而当改正朔，易服色，法制度，定官名，兴礼乐。他草撰了新的仪规法礼，自以为是地认为汉代的颜色应以黄为上，黄即土色，土在五行位第五，故数应用五。还自行设定官名。此举惹得朝廷上下，一片哗然。虽然孝文帝刚即位，不敢一下子都按贾谊的意见去办，但却以为贾谊可以担任公卿。大臣周勃、灌婴、东阳侯张相如、御史大夫冯敬时等贵族都因此而嫉恨贾谊，认为贾谊的存在给了他们很大的威胁，于是常常在文帝面前说贾谊的坏话："年少初学，专欲擅权，纷乱诸事。"于是文帝为了平众愤，不再采纳他的建议，便让贾谊当长沙王的陪读太傅。后来，文帝召见贾谊，

第六章

做事低调：能屈能伸，明哲保身

但是"不问苍生问鬼神"，贾谊不能自陈政见，后又以贾谊为梁怀王太傅。梁怀王是"文帝之少子，爱，而好书"。文帝又封淮南厉王子4人皆为列侯。贾谊数上疏谏，以为祸患从此起矣。言诸侯或连数郡，非古之制，可稍削之，文帝不听。过了几年，梁怀王学骑，坠马而死。贾谊悔恨自己没有尽到老师的责任，哭泣而死，年仅33岁。

贾谊本来才高八斗，锐智英煌，前途无量，得到皇帝的重用也理所当然，但是，贾谊毕竟太年轻，不知道什么叫"木秀于林，风必摧之"，成功之时看不到周身的巨大威胁，也不知道少而举高，已成众矢之的，不仅不预设保护，反更强求，致使自己力尽而寡助，落得个少年悲哀的结局。

言语要迟钝，行动要迅速

藏拙是安身立世之根本，可以让人在卑微处安贫乐道，可以让人在显赫时持盈若亏。藏拙者是人中的智者，有一种姿态上的低调，无论何时何地，他们都可以屈伸自如，攻守有度。

石奋15岁时，做到了一个小官，侍候高祖。高祖和他谈话的时候，没有发现他有什么突出，只是说话恭敬，问他说："你家里还有什么人？"石奋回答说："我只有母亲，不幸失明。家里贫穷，还有一个姐姐。"高祖说："你能跟随我吗？"他说："愿意尽力效劳。"于是高祖召他姐姐来封为美人，让石奋任中涓，并且把他家迁到长安城里的中戚里，高祖这样看得起他，都是因为他姐姐做了美人的缘故。他做官靠积累功劳当上了大中大夫。石奋为人没有文才学问，对谁都是恭敬有加，礼仪待人。到孝景帝即位时，石奋的长子石建，二子石甲，三子石乙，四子石庆，都因为品行优良、善良孝敬、办事谨严，做官做到了二千石。于是景帝说："石君和4个儿子都是二千石官员，作为臣子的尊贵荣宠竟然集中在他一家。"称呼石奋为万石君。

万石君年老回家时，每年参加朝会的时候，经过皇宫的门楼，一定下车快步走，恭恭敬敬地拜上大礼。看见皇帝的车驾，一定跪下按着车前横木表示敬意。他的后代也都做官，当他们回家时，万石君一定穿着朝服来接见，而不呼其名字。皇上时常给他家赏赐食物，他一定跪下叩拜俯伏着吃，尊敬的程度好像就在皇上眼前，他的子孙也都遵循他的教导，也和他一样。万石君一家凭着孝敬谨严而闻名于各郡与各国，即使齐、鲁那些家世显赫，而且家法严明的官宦也都很佩服他。

石奋长子石建官拜郎中令，小儿子石庆任内史。有时石建有事向皇帝说，都是在没有外人的情况下，畅所欲言，说得恳切，但到了上朝的时候，就好像不会说话一样，因此连皇帝也尊重他。有一次，他上书奏事，奏章经皇帝阅后发回，石建读它时说："写错了，'马'字下面脚连尾应该5笔，如今只有4笔，少一笔，皇帝会谴责我，我活不成了。"

他的谨慎，即使是在别的小事上也这样。有一次小儿子石庆喝醉了，回家的时候，进入外门没有下车。万石君听说了，又害怕，又生气，不吃饭。石庆开始害怕，负荆请罪，没有得到父亲的宽恕。全族的人和哥哥石建都去脱衣露体请罪，万石君责备说："内史是显贵的人，进入乡里，乡里的长辈都走开回避，而内史坐车中很自在，正是理所当然！"于是让石庆走开。石庆任太仆时，有一次为皇帝驾车，皇上问驾车的马有几匹，石庆不敢大意，用鞭子一匹一匹地把马数完，举起手说："6匹马。"石庆在儿子中是最马虎的了，尚且这般谨慎。他任齐国相，全齐国的人都知道他的德行好，因此很仰慕他。虽然他在任期内没有什么突出成绩，但齐国因他的感化而很太平，因此，齐国给石庆建立

114

| 第六章 |

做事低调：能屈能伸，明哲保身

生祠。

"做官的法则，只有三件事：一是清廉，二是谨慎，三是勤俭。懂得这三件事的人，就懂得节制自己了。然而世间治理的人，临财当事，就不能自我克制，经常自认为不会败露。世间贪污奸诈的人，大多这样而失败。持着不会败露的观念，就会无所不做了。然而事情往往会败露，并由不得自己。所以设身处事，警戒在于当初，不得不省察。即使利用权势和智慧，进行百般补治，幸而得免，损失已经太多了，还不如当初不那么做的好。"这是吕东莱在《官箴》中写下的一段箴言，可谓字字珠玑，发人深省。细思之，我们做人何尝不该如此？一个人，唯有懂得自我克制，不贪、不纵、不骄、不奢，藏锋守拙，讷言敏行，才能确保自身的平安，才能有朝一日有所作为，若反其道行之，则必然祸不远矣。

性有巧拙，可以伏藏

《阴符经》上说："性有巧拙，可以伏藏。"它告诉我们，善于伏藏是事业成功和克敌制胜的关键。一个不懂得伏藏的人，即使能力再强、智商再高，也难以战胜敌人。这，便是藏巧于拙的重要性。

嘉靖中期，夏言为朝廷的重臣，而且写得一手好文章，深为皇帝所器重。

当时严嵩在翰林院任低级职务，与当时担任北部尚书的夏言是江西同乡。严嵩打听到夏言是江西同乡，就想利用这层关系设法去接近夏言，但几次前往夏府求见都被轰了出来。

严嵩不死心，准备了酒宴，亲自到夏言府上去邀请夏言。夏言根本没有把这个同乡放在眼里，便随便找了个借口不见他。严嵩就在堂前铺上垫子，跪下来一遍一遍地高声朗读自己带来的请柬。

　　夏言在屋里终于被感动了，以为严嵩真是对自己恭敬到这种境地，便开门将严嵩扶起，慨然赴宴。宴席上，严嵩特别珍惜这次来之不易的机会，使出浑身解数取悦夏言，给夏言留下了极好的印象。

　　从此夏言很器重严嵩，一再提拔他，使他官至礼部左侍郎，从此他便获得了可以直接为皇帝办事的机会。几年后，已任内阁首辅的夏言又推荐严嵩接任了礼部尚书，位达六卿之列。夏言甚至还向皇帝推荐他接替自己的首辅位置。

　　严嵩是极有心计的人，不露一点锋芒，耐心地等待时机，对夏言仍是俯首帖耳，只是暗中在寻找、制造机会，以便将夏言一下子打倒。

　　嘉靖皇帝迷信道教。有一次他下令制作了5顶香叶冠，分赐给几位宠臣。夏言一向反对嘉靖帝的迷信活动，不肯接受。而严嵩却趁皇帝召见时把香叶冠戴上，外边还郑重地罩上轻纱。皇帝对严嵩的忠心大加赞赏，对夏言则很不满。

　　又有一次，夏言随皇帝出巡，没有按时值班，惹得皇帝大怒。皇帝曾命令到西苑值班的大臣都必须乘马车，而夏言却乘坐小车。

　　几件事情都引得皇帝不高兴，因此，皇帝对夏言越来越不满。严嵩眼看时机已到，便马上一改他往日的谦卑，勾结皇帝所宠信的道士陶仲文，一起在皇帝面前添油加醋地说了夏言许多坏话。

　　一天，当严嵩单独去见世宗时，世宗与他谈及夏言，并对他们之间的不和略有询问。世宗的话，似乎勾起了严嵩的什么难言之隐，只见严嵩全身颤抖，匍匐在地，痛哭不已。

　　世宗见一个60多岁的老头子竟然哭得如此伤心，猜想他一定是受了很大的冤屈，怜悯之情骤生，连连催问。看见世宗怜悯，严嵩反而变

第六章
做事低调：能屈能伸，明哲保身

得号啕大哭起来了。

世宗在一边既动情又义愤地安慰他："你不要有什么顾虑，有朕为你做主，有话尽管说，不要害怕。"这下严嵩才装出深受鼓励后已无顾虑一般，将平时搜集到的所谓夏言的种种罪状添枝加叶、无中生有地一一哭诉出来。世宗闻听，便对夏言由不满变得恼怒起来，马上下令罢免了其一切官职，令严嵩取而代之。

严嵩的伏藏虽是反例，却足以警示后人伏藏的重要性。我们伏藏的目的不是为了害人，却可以自保。如果建功立业的时机不够成熟，善藏锋芒可谓是上上之策。

收起虚荣心

耐心地去做单调的工作，以培养出从团队角度考虑问题的心智。如果最初无法培养出这种从全局考虑问题的心态，渐渐地便会觉得大家事事都在和你做对，而一次又一次的调换工作场所，自然一无所成。

王先生大学毕业进入某公司，便被派往财务科就职，做一些单调的统计工作。由于这份工作高中毕业生就能胜任，王先生觉得自己一个大学毕业生来做这种枯燥乏味的工作，实在是大材小用，于是无法在工作上全力投入；加上王先生大学时代的成绩非常优异，因此，他更加轻视这份工作。因为他的疏忽，工作时常发生错误，遭到上司的批评。

由于王先生对财务工作没有全力以赴，以至于被认为不适合做财务工作而被调至营业部门。其实，熟悉财务，熟悉销售，是公司领导让大学生们学会认识市场，然后再搞研发的一个过程。但身为推销员，又必

117

须周旋于激烈的销售竞争中，于是王先生又陷入窘境，这对他而言，又是一种不满。他并不是为做一个推销员才进入这家公司的，他认为如果让他做研发方面的工作，一定能够充分发挥他的才能，但公司却让他做一个推销员而任顾客驱使，实在令人抬不起头。所以，他又非常轻视推销的工作，尽可能设法偷懒。因此，他只能达到一个营业部职员最低的业绩标准。

王先生因此而丧失身为一个推销员的资格，并被调至市场调研处。与过去的工作比较起来，似乎这个工作最适合王先生，终于让王先生感觉有了一份有意义的工作，而热爱并投身于此，因此才逐渐提高其工作绩效。

但由于过去5年左右时间里的马虎工作态度，使他的考核成绩非常不理想，当同期的伙伴都早已晋升为经理时，只有他陷于被遗漏下来的窘境。

工作没有好坏之分，有志之士在一个平凡的岗位上，同样可以做出一番不平凡的业绩。对于职场人士而言，最不可取的就是好高骛远，挑三拣四。即便你再有能力，但若是不肯用心，不肯务实，在各个岗位上不停地游动，能力终究是发挥不出来的。请记住，你的职业态度将决定你的事业走向。

"险"中蛰伏，谋定后动

俗话说人心难测，社会上充满了各种各样的陷阱，一步不慎就可能万劫不复。做人处世应该三思而后行，尽量让自己的计划周详，这样才能避免失败。一时的委屈没什么，至少可以避免不必要的麻烦和牺牲，也是为了最终达到自己的目的。

明朝嘉靖时期，奸臣严嵩受到皇帝的宠信，一时权势熏天，在朝中

第六章

做事低调：能屈能伸，明哲保身

对不顺从他的大臣横加迫害，很多人都对他敢怒不敢言，许多有志之士更是把推翻严嵩当作目标。

当时严嵩任内阁首辅大学士，而徐阶也是内阁大学士，他在朝中很有名望，严嵩就多次设计陷害他。徐阶装聋作哑，从不与严嵩发生争执，徐阶的家人忍耐不住，对徐阶说："你也是朝中重臣，严嵩三番五次害你，你只知退让，这未免太胆小了，这样下去，终有一天他会害死你的。你应当揭发他的罪行，向皇上申诉啊。"

徐阶说："现在皇上正宠信严嵩，对他言听计从，又怎么会听信我的话呢？如果我现在控告严嵩，那么不仅扳不倒他，反而会害了自己，连累家人，所以这事绝不可莽撞！"

严嵩为了整治徐阶，就指使儿子严世蕃对徐阶无礼，想激怒他，自己好趁机寻事。一次，严世蕃当着文武百官的面羞辱徐阶，徐阶竟是没有一点儿怒色，还不断给严世蕃赔礼道歉。有人为徐阶打抱不平，要弹劾严嵩，徐阶连忙阻止，说："都是我的错，我惭愧还来不及，与他人何干呢？严世蕃能指出我的过失，这是为我好，你是误会他了。"

直到严世蕃谋反事发，徐阶密谋起草奏章，抓住严嵩父子要害，告严嵩父子通倭想当皇帝，才使得皇上痛下决心，除掉严嵩父子。

徐阶不逞匹夫之勇，默默忍耐，以柔顺的表面保全自己，终于等到时机扳倒了严嵩父子。

没有十足的把握就不动手，徐阶的做法可谓谨慎有加。正因为他能忍辱负重，示敌以弱，才能在严嵩的步步紧逼下化险为夷，最后抓住机会一举歼敌。

我们做人处世也应该谨慎小心，不能争一时之气，急躁冒进，否则只会撞得头破血流。

职场越位——危险

> 职场越位是一个非常危险的动作，因为这种行为打破了原有的办公秩序，给事情的发展带来了不可预料的变数。

杜刚进入社会不久，血气方刚，雄心勃勃。到单位上班不久，他就积了一肚子的意见。在他看来顶头上司胡科长是个无能的人，只会媚上，把工作处理得一团糟，他实在无法忍受在这样一个人手下工作。所以他找了个机会跟局领导谈了自己的想法，领导很认真地听取了他的意见，还表示尽快做出处理。果然，一个星期后，胡科长被调走了，局里又派了一位姓陆的科长，陆科长很有能力，没几天就把科里的工作理得一清二楚，这让杜刚佩服不已。然而杜刚也没能在这个科里呆多久，很快有个到基层工作的名额，陆科长找个理由就推荐他去了。

这种越位是很愚蠢的，越级指责顶头上司只会让自己处境艰难，新的上司也会把你当成威胁，谁知道你会不会再做出同样的事。

若想任何事情都回避顶头上司，这并非是个好主意。尝试越级报告的人，往往会伤害到自己。即使你是"对的"，你仍不免破坏单位的运行秩序，并使高级主管头痛。即使你很幸运地成功了，高级主管也会心存芥蒂，认为你对他们也可能采取同样的行动。

越级报告的酝酿并不难觉察，谁是越级报告者，也经常很难隐瞒。对于这一类的行动，上级可以采取许多防范措施，并且通常能够在你行动之前就将事情摆平。

第六章

做事低调：能屈能伸，明哲保身

做个"温顺"之人

通常情况下，人们是不会同一个"温顺"之人计较的，所以，一些识时务的能人俊杰，面对各种可能的嫉妒，常会采取圆滑稳重的处事方法，借以保全自己，以免招来各种暗箭的伤害。

明朝有个叫徐达的人，智勇兼备，是朱元璋手下的一员得力干将。几乎每逢较大战役，他都要被委任为主帅。朱元璋在每次出征前总是会对他说："将在外，君不御，将军认为该如何就如何好了。"话虽每次都这么说，但他却能随时随地控制徐达，他的爪牙无时无刻不在监视着徐达的一举一动。徐达深知其中机关，所以，并不为朱元璋的那句话而任意妄为，而是每逢稍大一点的事都必派亲信报给朱元璋。也正因如此，他才与蓝玉等人拥有不同的境遇，一直没有遭贬甚至被加害，与臣与君的关系都相处得不错。

假如徐达没有做到韬光养晦、大智若愚，那么他就很难善始善终了。

俗话说："才高被人忌。"嫉贤妒能是社会通病，有很强嫉妒心理，容不下强者的领导不在少数。在他们看来，下属的成功就意味着自己的失败。面对这样的领导，下属只有韬光养晦才能免遭排斥。

121

在忍耐中发迹

> 每个人都可能会遭遇到困境，唯有最大限度地弯曲自己，静待时机，才有可能挺过难关，成就大业。无论是示敌以弱，还是韬光养晦，都是做人的智慧所在。

他怀着忐忑不安的心情走进一家装饰公司人力资源部。

"您好，我是刚毕业的大学生，我叫……"话未说完，人事经理不耐烦地挥手道："出去！出去！我们这里不要应届毕业生！"他感觉喉咙似被石块堵住了一样，但仍小心翼翼地说："虽然我刚毕业，但是我挺有天分的……"人事经理显得更不耐烦了："出去！出去！我们的员工个个都有天分！……"

他仍不放弃，拿出作品放在了人事经理的办公桌上，对方扫了两眼，似乎感觉还像那么回事，于是耐着性子对他说："我们已经完全实现无纸化办公，入职者必须熟练操作电脑。"他连忙点头："我会，我会电脑！"一番"死缠烂打"之下，人事经理答应试用他几天。没过几天，人事经理又请他走人，原来对方已经看出，他在电脑方面只是略懂皮毛而已。

这一波波的"屈辱"，若是换做别人，早打退堂鼓了，偏偏他生来就是个犟种，他下定决心，"赖"在这家公司不走了。

他向人事经理表示，自己只想学电脑，可以为公司不计报酬地工作，只要提供伙食与住宿即可。最后，人事经理在与老板商量以后，提出了一个苛刻的条件——除办公区的卫生外，每天必须将卫生间清理干

第六章
做事低调：能屈能伸，明哲保身

净，包括洗刷马桶。他毫不犹豫地答应了。

从此，他每天都将几百平米的办公区彻底扫除一遍，然后便接着打扫卫生间，洗刷马桶。待一切清理工作完成后，大半天已经过去了。随后他简单地吃几口饭，便坐在别人的电脑前，专注地看着被人怎样操作。别人下班以后，他还要再收拾一遍众人留下的垃圾，匆匆吃过晚饭，趁着夜深人静看各种专业书籍，并且上机练习操作。

后来，他觉着自己的建筑常识甚是匮乏，便想到设计总监那里去"偷师"。他看准时机，给设计总监递上一杯"碧螺春"，换回的答复却是："你刷完马桶洗手没有啊？"总监的轻视没有让他退却，他仔细观察，终于抓住了总监的软肋——他动笔之前必喝一口白酒。于是，他投其所好，用自己不多的积蓄买来各式名酒，还捎上一些下酒小菜。几次下来，总监的脸上出现了笑容，他被默许坐在总监身边学艺。

再后来，他技艺愈精，被提拔为正式设计师。又过了一段时间，老板发现他3D装修效果图画得非常好，中标率非常高，遂又提拔他做设计部主管，并放手分给了他一些大项目，他的事业正一步步地走向高峰。

困境不算什么，人最大的敌人其实正是自己。古往今来，多少有志之士在困境中潜心忍耐，忍辱负重，最终如愿以偿地完成了自己的事业。一如那卧薪尝胆的勾践，甘受胯下之辱的韩信，受宫刑而矢志不移完成《史记》的司马迁，草间求活、三年终报楚王仇的伍子胥……哪一个不是令人敬重的人物？

大量的事实告诉我们：能耐就是能够忍耐！

太刚直者难当大事

刚直固然无可厚非，但太过刚直则并不可取。古往今来，但凡刚直过度之人，轻则难以立足，重则性命堪忧。

西汉景帝时，窦婴担任大将军之职，是朝廷中的百官之首。做这样的高官，巴结他的人很多，窦婴也十分得意。

朝中大将灌夫为人耿直，是个典型的武夫，他不仅不去讨好自己的顶头上司，反在私下里说："人们都是势利眼，巴结那些有权势的人，这真是太无耻了，正人君子是不会这样的。"

窦婴后来知道此事，就向灌夫说："你不喜欢我，不和我结交就是了，为何还要挖苦我呢？"

灌夫也不回避，回答说："我心直口快，想说什么就说什么，我只想提醒你不要太骄傲，否则就乐极生悲了。"

窦婴没有责怪他，却好心对他说："你这个人有勇无谋，虽然刚直，但难当大事。如若碰上奸诈小人，吃亏的一定是你。我不和你计较，难道别人也会原谅你吗？倒是你应该小心才是。"灌夫对窦婴的话不以为然。

灌夫对上不巴结，对下却是恭敬尊重，不敢有一点儿怠慢。当别人都赞赏他这一点，夸他是个十足的正人君子时，有位朋友却表示了忧虑，对他说："在朝廷做官，就要符合官场上的规矩。现在是官大一级压死人，你顶撞上司，反而讨好下属，这哪里是晋升之道呢？你不识时务，反以为荣，早晚必惹大祸。"但灌夫对此仍是充耳不闻。

124

| 第六章 |

做事低调：能屈能伸，明哲保身

后来窦婴被免职，孝景皇后的弟弟田蚡当上了丞相。田蚡是个十足的小人，灌夫十分看不起他。

百官见窦婴失势，就开始巴结田蚡，灌夫却和窦婴来往密切。窦婴十分感动，说："我得势时，你从不和我交往，现在你不去趋炎附势，可见你为人的品德高尚。"

灌夫的朋友又给他泼了一盆冷水，说："你的言行不合官场之道，实属不智之举。作为下级，你疏远丞相，结交失势的人，这虽是君子行为，却也难为小人所容。表面文章还是要做的，你该有所反省了。"

田蚡骄横，对灌夫的耿直早有不满，他时刻想整治灌夫。

一次，在酒宴上灌夫和田蚡发生了冲突，田蚡借机将他关进大牢。窦婴为了救灌夫而四处奔走，也被田蚡诬陷。结果，灌夫和窦婴一起遇害。

窦婴对灌夫的评价其实是一语中的："有勇无谋，虽然刚直，却难当大事。"只可惜灌夫以直为荣，以曲为耻，最后落得个遭小人陷害的凄惨下场。

给予别人足够的尊重

人都有渴望他人尊重的潜意识需求，身处高位的领导更是如此。因为他是领导，所以下属就要尊重他。领导从你这里得到了尊重，才能对你有好印象，才有可能信任你。

一次，主管给张浩安排任务，让他画一份统计图表。这项工作一般是由另一个同事做的，那人请假了。张浩认为，这样无关紧要的工作，

125

怎么也轮不到让他去做,便满不在乎地说:"我以为是什么技术难题呢!等我忙完手头上的活再干吧。"于是他勉强地接受了任务,但是没有立即着手去完成。后来主管催了一次,他才把图表草草完成。

在整个过程中,张浩发现主管的脸阴沉着,但他并没意识到自己的行为已经把主管得罪了。

年底,公司人事调整,原本被看好的张浩并没有获得晋升。原来是主管向领导献言,评价张浩"狂妄、轻浮、傲慢"。

张浩感到很委屈,同事也觉得这样评价张浩是不公正的,但没办法,张浩为自己的漫不经心付出了代价。

领导的每项指令都应该认真对待。无论领导让你做什么,你的表现都应该是一致的,都要表现出严肃、认真、虚心的态度。甚至越是无关紧要的任务,越要表现出重视,这会让领导感觉到备受尊重。

记住自己的身份

身为下属,切忌擅作主张,只有把这个问题认识清楚,你才能与领导和谐相处。

"糟了!糟了!"胡经理放下电话,就叫了起来,"那家便宜的东西,根本不合规格,还是原来林老板的好。"接着,胡经理狠狠捶了一下桌子,"可是,我怎么那么糊涂,竟写信把他臭骂一顿,还骂他是骗子,这下麻烦了!"

"是啊!"秘书王卉转身站起来,"我那时候不是说吗?要您先冷静冷静再写信,可您不听啊!"

第六章
做事低调：能屈能伸，明哲保身

"都怪我在气头上，想这小子过去一定骗了我，要不然别人怎么那样便宜。"胡经理来回踱着步子，指了指电话，"把电话告诉我，我亲自打过去道歉！"

王卉一笑，走到胡经理桌前："不用了！告诉您，那封信我根本没寄。"

"没寄？"

"对！"王卉笑吟吟地说。

"嗯……"胡经理坐了下来，如释重负。停了半晌，他又突然抬头问："可是我当时不是叫你立刻发出吗？"

"是啊！但我猜到您会后悔，所以压下了。"王卉转过身，歪着头笑笑。

"压了3个礼拜？"

"对！您没想到吧？"

"我是没想到，"胡经理低下头去，翻记事本，"可是，我叫你发，你怎么能压？那么最近发往美国的那几封信，你也压了？"

"我没压，"王卉脸上更亮丽了，"我知道什么该发，什么不该发……"

"你做主，还是我做主？"没想到胡经理居然霍地站起来，沉声问。

王卉呆住了，眼眶一下湿了，两行泪水滚落，她颤抖着、哭着喊："我，我做错了吗？"

"你做错了！"胡经理斩钉截铁地说。

王卉被记了一个小过，是偷偷记的，公司里没人知道。但是好心没好报，一肚子委屈的王卉，再也不愿意伺候这位"是非不分"的胡经理了。

她跑去孙经理的办公室诉苦，希望调到孙经理的部门。"不急！不急！"孙经理笑笑，"我会处理。"隔了两天，公司对此事果然做了处理，王卉一大早就接到一份解雇通知。

看完这个故事，你一定会想，明明王卉救了公司，他们居然非但不感谢，还恩将仇报，对不对？如果说"对"，你就错了！

正如胡经理说的："你做主，还是我做主？"

假使一个秘书，可以不听命令，自作主张地把经理要她立刻发的信，压下3个礼拜不发，"她"岂不成了经理？如果有这样的"黑箱作业"，以后交代她做事，谁能放心？

居功不自傲

工作努力认真是应该的，但在论功行赏之时，要学会主动向后站，给自己的领导留下一个合适的位置。

冯异戎马一生，驰骋沙场几十年，战功卓绝，乃汉光武帝刘秀中兴时期的一员名将。但冯异其人有这样一个特点——每次战斗结束以后，诸将并坐论功行赏之时，他为了避功，将封赏让给自己的部下，总是独自坐在大树下读书思过。因为他的这一举动，军中将他敬称为"大树将军"。冯异有帅才，不骄不躁，虽然战功赫赫，但仍非常低调。

更始元年，时为大司马的刘秀率部将王霸、冯异等人历经艰险，攻克邯郸城，擒斩王昌，平息叛乱。冯异在邯郸之战中表现尤为突出，他不畏艰险，克服重重困难，夜不眠休，为夜宿河北晓阳地区的刘秀大军筹措军粮，熬煮稀豆粥，帮助将士解除饥寒，保持战斗力的充沛。

刘秀率军行至南宫时，天不作美，骤降大雨，寒潮之气令人发颤，军士瑟瑟。又是冯异四处奔波，找来大量柴薪引火，让将士取暖烘衣，

第六章
做事低调：能屈能伸，明哲保身

并送上散发着香味与热气的粥饭，使军士衣干腹饱，重上战场。

邯郸一战，刘秀大获全胜。战后他表彰冯异"功勋难估，当为头功"。然而，正当刘秀召集众将领盘坐旷野、论功行赏之时，军士熟悉的一幕又出现了——冯异离开众人，找到一棵老槐树，坐下来聚精会神地读起了《孙子兵法》。刘秀只得吩咐侍卫将冯异连拉带拽地请到身侧，可冯异仍拒不受赏，实在推脱不过，他便极力将功劳推给自己的一位部将，令这位部将感激涕零。刘秀见到这种情况，又以大量金银为赏，冯异却毫不保留地分给了邯郸之战中表现勇猛的士兵。

作为下属千万不能功高盖主，表现得太锋芒毕露是许多下属的致命弱点。领导虽然喜欢有工作能力，用起来得心应手的下属，但是他们更担心会引狼入室，工作虽然成功了，自己却被莫名其妙地挤下了马。

把握一个"度"

不要妄想领导会把自己当知心朋友，也不要把领导当作知心朋友。领导就是领导，用优异的工作成绩来赢得领导青睐是最保险的。

江涛是一家电脑公司的技术人员，跟领导相处得就像哥们儿。一天下午，江涛加班加得很晚，领导请他吃晚饭。几杯酒下肚，江涛头脑一热，说他也想开一家电脑公司。

领导一愣，但很快恢复了表情，并鼓励说："年轻人就应该有闯劲，我支持你。"

江涛说："我现在的技术还说得过去，但对销售还是一知半解。"

领导说："一边工作一边学习嘛。凭你的能力，再干上两年就能独当一面了。"

江涛说:"你放心,两年之内我是不会走的。"

一周后,公司又招聘了一名技术人员,江涛也接到了解聘通知。江涛一脸茫然,找领导询问。领导一本正经地说:"在我的公司里,你已经没有什么需要学习的了。你应该多干几家公司,多积累点经验。我是从你的自身发展考虑才忍痛割爱的。"

江涛蓦然醒悟自己为什么被炒鱿鱼了,都是因为自己跟领导交心,才让领导有如此"富有人情味"的理由!

员工若把领导当作知心朋友,就容易忘记自己在公司的角色。如果领导当初与你地位相同时,曾经是知心朋友,也许领导念及旧情,还把你当作知心朋友看待,那你不妨跟他倾诉与工作无关的事情,并寻求领导的帮助。如果领导摆出一副高高在上的样子,显然是提醒你注意:现在你们的身份已经有所不同了。这时你就不要再把他当作知心朋友,公事公办,私事也不要带到公司里来。

近水楼台未必先得月

诚然,职场上肯定是存在着友情,但要保持一定距离,不可过分亲密,这样既可以保护自己在工作中不受到伤害,也能保证工作顺利进行。

当张倩得知自己被调往行政部的时候非常开心,因为行政部经理是她的大学同窗,在大学的时候两人情趣相投,无话不说。张倩本以为和她共事一定会很轻松,但情形并非如此。昔日的同窗、今日的领导对她

第六章
做事低调：能屈能伸，明哲保身

完全没有以前那么热情，在公事上她言简意赅，张倩有些不很熟悉的环节向她请教的时候，她甚至含糊地一带而过；下班后她们也各走各的，再也不像以前那样，下课后一起去餐厅小坐，聊聊彼此的心里话。过了几天后，聪明的张倩就看出来了，同窗之所以这样做，一是想和她保持距离以分清职位高下，以便管理；二是担心同样也很出色的张倩成为自己的竞争对手。张倩看出了这两点，不再对友情抱有太高期望，两个人也越走越远最后简直形同陌路，仅仅是碰面打个招呼而已。

作为下属，当你的朋友成为领导时，千万不要认为自己日后的工作会轻松，更不要认为自己会"近水楼台先得月"，机会会比其他同事多。

张倩的遭遇告诫我们：不要因为你是领导的同学或亲朋好友就过于亲近，还是应该保持一定距离，这样既可以保护自己，也有利于领导工作的开展。

凡事但留一丝人情在

孔子说："有不仁义的人，你如果恨他恨得过度，便会出乱子。"意思是说讨厌不仁不义的人，如果过度，千夫所指，使他无地自容，他就会酿成大乱。

东汉的陈仲弓，名实，颍川许县人，出身贫寒，小时候就很出类拔萃，为同学所推崇。长大后有志好学，坐立诵读不倦。他为人性情宽厚，以德报怨。有一次，有人杀人后逃走，同县一位姓杨的官吏怀疑是他干的，就把他抓起来拷问，后来查明实情才放他出来。后来陈仲弓当

131

了"督邮",不仅不记仇报复,反而"密托许令,礼召杨吏",因此"远近闻者,咸叹服之"。

陈仲弓曾任郡里西门亭长,不久转任功曹,当时宦官中常侍侯览请托颍川太守高伦任用自己推荐的一个官吏,高伦让陈仲弓安排此人任文学橡。陈仲弓知道这个人不能胜任,就对高伦说:"这个人用了会不能胜任,但是不用又会得罪侯常侍。不如让我出面请求任用此人,这样出了问题也不会影响您的声誉了。"后来郡中官员果然都指责他荐人不当,他一直保持沉默,直到高伦升任尚书,有一次对众人说出真相,但陈仲弓仍然坚持说是自己的过错。"闻者方叹息,由是天下服其德"。

东汉末年,君庸主懦,宦官集团把持朝政,政治黑暗,社会混乱,民不聊生。灵帝初年,中常侍张让的父亲死了,归葬颍川,名士都讨厌这个宦官,只有陈仲弓一个人前来吊丧。后来以李膺、陈蕃为首的士族出身的中下级官员,和以郭泰、贾彪为首的太学生,加上一批在野的士大夫,抨击宦官政治,寻求变革之路。三股力量此呼彼应,形成了影响深远的"清议"。发展到后来,便酿成了中国历史上有名的党锢之祸。张让等宦官大杀名士,也因为对当年陈仲弓的行为很感激,放过了许多名士。

陈仲弓去世时,远近登门祭吊者达3万多人,披麻戴孝者数以百计。

尽管陈仲弓知道张让这个人名声不好,名士不愿与之结交,但他也深明这样的道理,如果一个正直之士连有恶名的人都不敢去交往,怎么去改变他?影响他?而世界之大,比张让坏得多的人大有人在,自己今天对张让的尊敬,满足了他的一点虚荣心,也就有可能免去他对很多人的祸事。这样的柔忍才是高妙手段,不仅能保全自己,更帮助了别人,比之当面作对可要强得多了。

第六章
做事低调：能屈能伸，明哲保身

主动消除误会

其实，误会本来并不难消除，只要当场多说上一句话，便可免去很多麻烦。可是，人们往往忽略了，没说这句话，结果留下遗憾。

夏洁是个大大咧咧的女孩，大学毕业后去一家水产公司上班。公司的老会计王姐非常喜欢她，对她一向照顾有加。有一天，王姐的孩子从网上下载了点东西，因为家里没办法打印，所以就想麻烦夏洁帮忙打印，说孩子着急要用。夏洁答应了，但当天的工作特别忙，她就把这事儿给忘了。第二天，王姐来取东西时，夏洁这才想起来，只好回答说自己还没弄呢！王姐脸色平静地告诉夏洁不用弄了，孩子只是闹着玩儿。夏洁也没在意，这件事就算过去了。但是后来夏洁发现王姐对自己特别冷淡，一次同事一起开玩笑时，夏洁说了句什么，王姐紧跟着就指桑骂槐地说了句："那当然，人往高处走嘛！领导有事吩咐声就行，咱们小老百姓哪能支使得动啊！"夏洁这才明白，王姐误会自己了，可是事情过去了那么久还怎么解释呀！

夏洁错就错在没有当场跟王姐解释清楚，如果她把自己工作忙等情况说一下，相信王姐不会不理解。当我们出现了失误时，很多人都觉得这没什么大不了的，不需要解释什么，结果就造成了对方的误会，给自己也带来了很多麻烦，所以必要的解释一定不能少！

"罚酒"、"敬酒"一起敬

"罚酒"与"敬酒"作为一种谋略，或者作为一种交际手段，无论何种场合都不可偏废，如果你能一边体现友善、通情达理，一边显示尊严和力量，那你就一定会在交际中大获成功。

淡如到新单位才一个多月，她却觉得特别累、特别烦，让她产生这种感觉的就是公司里40多岁的财务主管"卢姐"。卢姐是老总的小姨子，在公司里特有地位，也不知淡如哪儿得罪她了，反正她对淡如一直就看不顺眼，看到淡如就鼻子不是鼻子、脸不是脸的，还常在背后说淡如的坏话。对于这些事淡如都忍了下来，她觉得自己是个新员工，得罪不起人家，其实她也曾想过要改善自己同卢姐的关系，可每次自己的善意都打了水漂——人家根本就不理睬，淡如也就不想再讨没趣了。

这天财务室通知淡如去领出差报销费用，淡如接过钱一看，只有640元，以她申请报销的金额少了400多块钱，就拿着钱去找卢姐。卢姐冷着脸说："发票上就这些，你还想要多少？"说完把淡如的出差发票摔了过来。淡如一查发现少了一张住宿发票，可卢姐却狡猾地说："你给我的就这些，谁知道你把发票弄到哪儿去了！"淡如明白了，这一定是卢姐搞的鬼，她忍住一口气，平静地说："发票交上去的时候，我是编了号的，我用铅笔在发票背面标好了，当时同事小王、小赵都在场，但现在发票却少了第四张，我要去找老总，如果老总也说责任在我，那我就认倒霉！"卢姐这下傻了眼，嘴唇哆嗦着却不知要说什么，淡如趁机又说："卢姐，其实我也不想把小事弄大了，闹到老总那儿对

第六章
做事低调：能屈能伸，明哲保身

谁都不好，我想会不会是会计把发票弄丢了，事儿这么多，您也不可能都照顾到了，要不您再找找！"卢姐连忙点头。下午的时候，卢姐亲自把钱送给淡如，而且以后再也没找过淡如的麻烦。

淡如实在是个很聪明的女孩子，虽然是初入社会，但却完全掌握了软硬兼施的谋略，结果大获成功。如果当时她和"卢姐"大吵一架的话，估计也能把钱要回来，甚至让"卢姐"挨批，但她以后的日子一定会更不好过。当然她也可以把这口气忍下去，不过以后她就会遇到更多这样的事，谁让她是"软柿子"呢！社会复杂，什么样的人都有，每个人都可能遇到淡如这样的事，这时候你就要学习学习淡如的策略，把罚酒、敬酒一起端上桌，让对方自己选择，这样一来恐怕没有什么事是解决不了的。

推己及人

人非圣贤，孰能无过？道德修养高的人不在于不犯错误，而在于有过能改，不再犯过。所以用有过之人也是常事，应该看到他的过错只不过是偶然的，而他的大方向是好的。

东汉光武帝刘秀能最后登上皇帝宝座，和他的胸怀宽广、善于笼络人心有关。

刘秀从饶阳脱险后，联合了许多支部队一起攻打王郎。公元24年5月，各路军马在刘秀的指挥下，攻下邯郸，杀了王郎，并且缴获了王宫里的大批文书档案。这些文书中，有几千封各地官员给王郎的信，信中说了刘秀不少坏话，劝王郎早些消灭他。当时许多人都认为这一下那些写信的人该倒霉了，谁知刘秀对这些信连看也不看，反而当着各路军马将领的面，把信全都烧了。

有些人对刘秀这么干很是奇怪，刘秀却淡淡地一笑说："过去的事何必再追究呢？让人家睡个安稳觉吧。"这件事传出去后，那些原来反对过刘秀的人都对他既感激又佩服，反过来愿意为他出力了。

消灭王郎后，更始帝刘玄派御史传达诏令，立刘秀为萧王，并让他交出兵权。当时王莽已经被杀，更始帝进了长安，但他不管理朝政，任部下胡作非为，很快就激起了人民的反对。全国各地的豪强地主也趁机各自拉起队伍，烧杀抢掠。只有刘秀的汉军军纪严明，赏罚分明；政治上招纳人才，争取民心，为夺取天下做足了准备。

公元24年秋天，刘秀带领汉军，先后打败了铜马军、高湖军和重连军。为了笼络人心，他封这些部队的投降将领为列侯，但是这些投降的将领并不安心，老担心刘秀总有一天会收拾了他们。刘秀看出了他们的心思，就让他们各回原来的军营统帅部队，然后自己骑着马，只带几个随从，到各军营去检阅。

投降的将领见刘秀这么信任他们，都很受感动，在一起议论说："萧王这是把一颗真心放到别人肚子里，也就是推心置腹呀！我们能不为他拼死出力吗？"从此都一心向着刘秀了。

日本松下的一位总裁曾说："用他，就要信任他；不信任他，就不要用他。这样才能让所用之人全力以赴。"用人固然有技巧，但最重要的就是要用人不疑，疑人不用。通常受上司信任、能放手做事的人，都会有较强的责任感，所以无论上司交代什么事，都会全力以赴。

相反地，如果上司不信任下属，动不动就指手画脚，使下属觉得自己只不过是奉命行事的机器而已，事情成败与他的能力高低无关，因此对于上司交办的任务也不会全力以赴了。

由此可见，只有对所用之人予以充分的信任，并让其感受到自己对

第六章
做事低调：能屈能伸，明哲保身

他的这种信任，才能激发其积极性和创造性，从而才能达到获取最大人才效益的目的。

廉以养德

人生在世，若能洁身自好，简朴些、低调些，不但是对于自身品性的一种修炼，更能赢得上下的认可和称赞。

康熙十六年，于成龙被任命为福建按察使，负责福建一省的司法管理。在去福建上任之前，他吩咐下人购买了几百斤的萝卜放置在官船上。一些同僚看到这种情形，大感不解，于是有人问道："这萝卜又不是什么值钱的东西，又没有收藏价值，你买这么多干什么？"于成龙回答道："此去路途遥远，倘若遇到食物青黄不接之时，可以用它掺些糠、米、野菜做成粥，以供食用。"

于成龙平日便非常节俭，即便有客人来访，他也以薄粥青菜待之，他解释道："我这样做，便可多留些米赈济灾民，倘若朝廷上下都能如此，我们就能帮助更多灾民渡过难关，使他们存活下来。"江南、江西两地百姓因于成龙自奉简陋，每天只以青菜佐食，于是送了他一个外号——"于青菜"，其中不乏亲切与敬重之情。

于成龙有一个喜好——饮茶，但鉴于茶叶价格不菲，他又不想"浪费"，便吩咐下人每日从府衙后面的槐树上摘几片叶子回来，以槐叶代茶。一年下来，那棵树都快被他采秃了。

由于于成龙的身体力行，向以奢侈艳丽为荣的江南风俗一时转了个180度的大弯儿，人们不再喜好绫罗绸缎，而改以布衣为荣。那些平日

137

横行乡里、鱼肉百姓的地方官，因知道于成龙有微服私访的习惯，每每见到白发伟躯者，便以为是于成龙，于是胆颤心惊，不敢妄为。

康熙二十三年，于成龙病死在两江总督任上。他的下属前来祭奠，发现这位总督大人的遗物少得可怜，且都不值钱。他的床头放着一只旧箱子，内置一袭官袍和一双靴子……在场的人忍不住泪流满面。

于成龙离世的消息一传出，江宁城中罢市聚哭，百姓家家自发绘制于成龙的画像进行祭奠。出殡那天，江宁数万百姓前来送葬，步行20里之远，哭声震天，就连江涛声都被淹没了。

同年，康熙皇帝巡视江南，沿途官吏无不对于成龙称赞有加。康熙对随从感叹道："朕博采舆论，敢称于成龙实为天下廉吏第一，于成龙真百姓之父母，朕的左膀右臂啊！"

人都有欲望，都想活得舒适一些，但关键是你能否将欲望控制在一个合理的范围内。古往今来，纵欲无度、贪得无厌之人，谁又落下了好下场？所以说，做人还是要懂得约束自己，洁身自好、收敛言行你才能够得到别人的认可，才能够确保自身无忧。

第七章
态度低调：事无巨细，勤奋务实

"冰冻三尺，非一日之寒"，成功不是骤然降临的，而是由点点滴滴的细微的成就凝聚而成的。只有做好人生中的每一件小事，才会取得比别人更优异的成绩。所以，抓紧时间做好你手边的每一件事，是走向成功的必经之路。

一屋不扫，何以扫天下

"合抱之木，生于毫末；九层之台，起于垒土；千里之行，始于足下。"这句话的意思是说，没有人天生就是注定干大事业的，唯有从小事做起，积流成川，才能一步步走向成功。

东汉时有一少年名叫陈蕃，其祖父曾任河东太守。不过，到了陈蕃这一辈，家道已然中落，不再威显乡里。

陈蕃其人自幼胸怀大志，但心高气傲，不屑于打理身边小事。陈蕃15岁时，曾经独自居住在一个庭院习读诗书。有一天，他父亲的一位老朋友薛勤前来看他，只见院中杂草丛生、污秽满地，一片狼藉，于是对陈蕃说："你为什么不将庭院打扫干净，借以招待宾客？"

陈蕃随口答道："大丈夫处世，当以扫除天下为己任，我怎么有精力去打扫这区区一室呢？"

陈蕃的回答令薛勤暗自吃惊，知道此人虽然年少，却胸怀大志。在感慨之余，忍不住劝道："一屋不扫，何以扫天下？"

陈蕃顿时哑口无言。

现在的人，尤其是那些初入社会的学生，理想真是越来越大，志向确实越来越高。动辄以某某董事长自比，然则以某某政治家为榜样，总而言之一句话——将来一定要成为一个大人物。而那些所谓的小事，那些奠基之学，却统统被丢到了角落之中。屋子脏怕什么？反正又没打算去做一名清洁工人；外语差怕什么，等当上老总了自然会有翻译；写字

第七章
态度低调：事无巨细，勤奋务实

难看又有什么，不是还有电脑吗？……诚然，目标高是好的，但谁也不能一口吃个胖子吧！试想，一个基础技能很差的人，将来拿什么去"号令群雄"、"叱咤风云"呢？

千里之堤，毁于蚁穴

小的错误如不及时改正，就有可能酿成大祸。不要忽视了我们身上的小缺点或生活中的小危险，因为它们的危害可能会慢慢扩大，成为重大损失的隐患。

从前有一位商人，他生意兴隆，在市场上，他所有的货物都卖出去了，肚兜里塞满了金子和银子。现在，他要回家了，并想在天黑前赶到家。于是，他把钱塞在背包里，放到马背上，然后骑着马往家赶。中午时分，他来到一座城里，休息了一会儿，想继续赶路。这时，仆人将马牵到他的面前说："主人，马的后掌蹄铁上掉了一个钉子。"

"随它去吧！"商人说，"我只有6个小时的路程了，这马蹄铁不至于会掉下来吧！我急着赶路呢！"下午，商人下马休息时，叫仆人拿面包去喂马。仆人回到房间里又对他说："主人，马左后蹄上的蹄铁已掉了，我是不是牵它去重新打个马掌？"

"随它去吧！"主人答道，"只不过剩下两个小时的路程了，这马还能挺得住的。我有急事呢！"他继续赶路了。没走多远，马便开始一拐一拐了；跛了没多久，马又开始跌跌撞撞的了。没走一会儿，马终于一跤跌下去，腿折断了。商人只好将马留下，把背包解下来，放到自己肩上，步行回家。直到深夜，他才到达家里。"真是倒霉透了！"他对自己说,"这全怪那个该死的钉子。"

"千里之堤,毁于蚁穴"。让我们牢记这个教训,发现小问题便将之解决,不要等到事态扩大了再后悔莫及。

小事见功夫

一个人职业水准的高低,有时从理论上是无法判断出来的,但是通过一件不经意的小事便可以查得水落石出,因为职业水准便是从一件件的小事中体现出来的。

某商场要招收一名合格的收银员。其中3位小姐有幸参加复试。复试由商场老板亲自主持。

第一位小姐刚走进老板办公室,老板便甩出一张百元钞票支使她去楼下的烟柜买包香烟。该小姐一看自己还未被正式录用,老板就支使她干这干那,认为有伤自尊心。老板甩出的钱她瞧都没瞧,便气冲冲地离去。她宁愿不要这份工作,也不愿被别人支使。

第二位小姐笑眯眯地接了钱,看也没看就去买烟,结果被告知钱是假的。这位小姐刚失业,急需这份工作,迫于无奈,自己掏出100元钱给老板买了一包烟,并把余额原原本本地交给了老板,但老板并没因此就录用她。

只有第三位小姐很警觉。她一接到钱时便发现钱是假的,并当面把假币还给了老板。老板笑吟吟地接过假币,如释重负。马上和她签订了雇用合同,放心地把商场的收银工作交给了她。

不要忽视你身边的每一件"小事",因为一件貌似无足轻重的"小

| 第七章 |

态度低调：事无巨细，勤奋务实

事"，很可能决定你的成败。一个聪明的人，必然懂得"事无大小，逢事做好"的道理，所以他们往往能够在小事中发现成功的契机。

对自己负责

生命之权操之在己，不管别人有多少意见，作决定的终究是自己。既然生活是自己的，品质就该由自己负责到底。

有一次，拿破仑自得地对他的秘书说："布里昂，你也将永垂不朽了。"布里昂迷惑不解，拿破仑进一步说道："你不是我的秘书吗？"意思是说布里昂可以因沾他的光而扬名于世。布里昂是一个很有自尊心的人，他不愿接受子虚乌有的"恩惠"，但又不便直接加以反驳，于是他反问道："请问亚历山大的秘书是谁？"拿破仑答不上来，而拿破仑不仅没有怪罪他，反而为他喝彩："问得好！"

在这里，布里昂巧妙地暗示了拿破仑：亚历山大名垂青史，但他的秘书却不为人所知。布里昂的话让拿破仑明白了自己的失言，又维护了双方的自尊。这样机智的部下，肯定会得到上司的信赖和欣赏。试想，如果布里昂唯唯诺诺地盲从，结果又会如何呢？

提高生活质量的第一步，就是学会对自己负责。在认定继续深造或选择工作时要清楚自己的动机，是为了追求自我实现，还是为了别人？不妨问问自己这一生中最重要的是什么？

生命是自己的，想活得积极而有意义，就要勇敢地挑起生命的重大责任。没有人能领你走一辈子，只要不辜负每一个日子，每天就会有新的收获，美好的生活要靠你自己创造。

对自己负责,是一项艰难又费时的挑战。要能了解自己,发掘自己的优缺点,再不断调整及修正,还得注意不受主观成见的影响,逐一吸收于己有益的经验。

如果你常常想取悦他人,就要好好反省自己,是否有推卸责任的倾向?明明不同意,却口是心非;明明有意见,却偏不说,一味忍耐。换来满腹委屈后,才觉得被人指使,没有自我。

你有自己的头脑和心智,请好好运用,自己作决定。如果你需要别人提供资料详情后,才能在某些事情上下定决心,就要不动声色,要不着痕迹,不要说穿自己的目的,悄悄取得所需的资料,探究事情之后再作决定。总之,对于想要登上成功巅峰的你来说千万别让自己成为别人思想的奴隶,不能让自己的头脑成为别人思想的跑马场。

付出和收获成正比

有付出便有回报,付出越多则收获越多。我们在期待丰收的时候,问一问自己到底付出了多少?人生的成功也是以巨大的付出作为基础的,成功者的背后总有许多不为人知的艰辛。在羡慕成功的同时,我们是否在为实现自己的目标而努力呢?

一位刚从美术学校毕业的青年画家聪颖而刻苦,他心无旁骛潜心作画,立志要在短时间内出人头地,一年下来他已经作品盈尺并参加了多个画展。然而,让他感到沮丧的是,他的作品很少有人问津,仅仅卖出了一幅,价钱也低得羞与人言。对此他百思不得其解,见别人的画价钱高得让人咋舌,却依然抢手也颇为不服气。

第七章
态度低调：事无巨细，勤奋务实

一天，他遇到一位声誉卓著的老画家，于是向老画家吐露了心中的困惑，以期得到答案。

"这一年来，你画了多少幅画？"老画家问。

"总有上百幅吧！有时候灵感一来，不到一天我就可以画一幅。"他回答。

老画家点点头，想了一会儿说："难怪你一年时间才卖出去一幅画。这样吧，你试着倒着做一下：从现在起，你用一年时间画一幅画，看能用多少时间卖掉。"

青年画家似有所悟，回去后缜密构思，惜墨如金，给新作倾注了比以往所有作品的总和还要多的心血。待一年后新作问世的时候，那已经是他六易其稿的结晶。他梦寐以求的事情终于发生了：作品大受赞誉，不仅在一天之内就被卖出，而且由于多人抢买，价格飙升得令他都难以置信。

这时他明白老画家是要他切身感受一个道理：付出和收获是成正比的。

成功都是用汗水浸泡出来的

踏实是"以不变应万变"，它能够把大量稍纵即逝的机会变成实实在在的成果。踏实为你的过去、现在和将来的发展打下坚实的基础。踏实应该成为你的作风，"踏踏实实做事，老老实实做人"，应该成为你的座右铭

谢明是一个白手起家、创业成功的传奇人物。

他出生在河北省的一个贫困山村，家中兄弟4个，谢明排行老三。家里穷，父亲又得了重病，负债累累，所以谢明初中没毕业就辍学了。当时大哥、二哥已经成家，家庭重担落在17岁的谢明身上，他发誓要改变自己的命运。

谢明开始干的第一个生意是用自行车贩玉米。他蹬着自行车，跑几十公里到外县收购便宜玉米，驮回家乡转卖，一次驮100多公斤，能挣十几元钱。骑车时他只能用一只手扶着车把，一旦遇上雨天路滑，十分危险，有一次他就连人带车摔到了十几米深的沟里，差点送命。

除了贩玉米，他还去理发店收头发卖钱。但这些都不能让他有一个稳定的收入，他就四处寻找机会。他当时有两个爱好：一是有空就看书，学知识；二是经常听收音机，找信息。

1990年，谢明从别人那里听到安徽合肥有个教做豆腐、豆芽的培训班，就想去学。可父母觉得豆腐难卖，家里也拿不出参加培训需要的200多元钱，就坚决反对。可谢明当时下定决心，背着家里找表兄借了点钱，偷偷去了合肥。

一个星期后，谢明学成回家准备开豆腐房，却遭到父亲的强烈反对。父亲把他做豆腐的锅、瓢等工具扔出门外，谢明被气得昏死过去，抢救半天才慢慢醒来。

开豆腐房需要一些最起码的设备，可不仅他家里没有一点钱，亲戚朋友也都因为他父亲生病被借钱借怕了，不愿再出手帮助。最后，靠着一个朋友的关系，谢明才终于赊了一台小电磨，在家里做起了豆腐。

谢明每天从下午开始忙活到第二天凌晨，一个人能做50多公斤豆腐，然后他用扁担挑着豆腐走村串户去卖。他瘦弱的肩膀被扁担磨破、

| 第七章 |
态度低调：事无巨细，勤奋务实

结疤，然后再被磨破、再结疤。

寒来暑往，一年四季不管刮风下雨，他几乎没有休息过。豆腐扁担，谢明一挑就是4年，不但帮家里还清了债务，自己也在亲戚朋友面前挺直了腰板。

后来，谢明在妻子的支持下学做面包。学成之后，在县里开了一家面包房，赚了第一桶金。

为了生意的发展，谢明每年都要抽时间到南方大城市学习新技术。2000年，谢明在大城市里看到了开超市的商机，在县城办起了县里的第一家超市。

由于商机抓得准，服务又周到，谢明的超市赢得了空前的成功。在短短4年的时间里，他的超市从本县开到了外县，数量从1个增加到了6个，总面积从不足210平方米到现在的5000多平方米，拥有职员1400多人，资产达1000多万元。

现在，谢明涉足家具家电行业，投资将县城的老电影院改建成为远近最大的家具家电商场，并计划兴建自己的商务大厦。

虽然连初中都没有毕业，但是谢明一直没有停止过对知识的追求。他屋子里的书堆成堆。2003年，他又到北大参加了工商管理研究生的研修班。

外国人说："贪睡的狐狸抓不到鸡。"中国人说："早起的鸟儿有虫吃。"这些其实都是告诫我们要勤奋踏实。所有的成功都是用汗水浸泡出来的的，每一个成功者都付出了不小的艰辛。

抱怨不如行动

不要再喋喋不休地抱怨了，这对你的成功毫无帮助，不管你遇到了怎样的阻碍，你都应该少动嘴、多动手，只有行动才能帮你把梦想化为现实。

第二次世界大战之后不久，席第先生进入美国邮政局的海关工作。他很喜欢他的工作，但5年之后，他对于工作上的种种限制、固定呆板的上下班时间、微薄的薪水以及靠年资升迁的死板的人事制度（这使他升迁的机会很小），愈来愈不满。

他突然灵机一动，他已经学到许多贸易商所应具备的专业知识，这是他在海关工作耳濡目染的结果，为什么不早一点儿跳出来，自己做礼品玩具的生意呢？他认识许多贸易商，他们对这一行许多细节的了解不见得比他多。

自从他想创业以来，已过了10年，直到今天他依然规规矩矩在海关上班。

为什么呢？因为他每一次准备搏一搏时，总有一些意外事件使他停止。例如，资金不够、经济不景气、新婴儿的诞生、对海关工作的一时留恋、贸易条款的种种限制以及许许多多数不完的借口，这些都是他一直未去实施的理由。

其实是他自己使自己成为一个"被动的人"。他想等所有的条件十全十美后再动手，由于实际情况与理想永远不能相符，所以只好一直拖下去了，他的理想也就成了空想。

| 第七章 |

态度低调：事无巨细，勤奋务实

世上确实有很多不公平的事，有很多值得埋怨的事，但是，世上根本不可能会有什么十全十美的事。如果我们一味追求完美，抱怨社会、抱怨他人；如果我们一定要等到世上所有条件都具备了才开始行动，那么只好永远等下去了。有的人为什么一辈子都干不成一件事情，原因正在于此。

学无止境，才无满时

人人都愿意获得满意的结局，而一旦志得意满，一个人往往会失去奋斗的动力。从这一点上说，心底里始终保留一些不安分的骚动，会给自己存下一点迈向更大志向的激情。

小铁匠从师学艺 3 年有余，自以为已得师父真传，于是跑去找师父。

"师父，我可以出师了，已经学足了。"

"什么是足了呢？"师父问道。

"就是满了，没什么可学，也装不下什么了。"小铁匠大言不惭地回答。

"你去取只大碗，在里面装满石子。"老铁匠吩咐。

小铁匠依言而行。

"满了吗？"师父问。

"满了。"

师父又抓来一把沙子，自碗顶撒下，沙子渐渐渗入石子的缝隙中。

"满了吗？"师父又问。

"满了。"

师父又抓起一把黄土掺入碗里。

"满了吗?"师父问?

"满了。"

师父又倒进去一盅水。

"满了吗?"

……

唐代大诗人韩愈曾经说过:"书山有路勤为径,学海无涯苦作舟。"意在告诉世人,学无止境、才无满时,在读书向学的这条道路上,根本没有捷径可循,没有顺风船可以搭乘。一个人若想在广博的书山、学海中汲取到更多的知识,其必不可少,亦是唯一可以依赖的两个条件就是"勤奋"、"务实"。

须知,人人头上一片天,脚下一块地。要想天高地阔,必须始终追求更高远的志向。

多做一点便多得一点

付出多少,得到多少,这是一个众所周知的因果法则。也许你的投入无法立刻得到相应的回报,也不要气馁,应该一如既往地多付出一点。回报可能会在不经意间,以出人意料的方式出现。

对詹姆斯·波帕尔一生影响深远的一次职务提升是由一件小事情引起的。一个星期六的下午,一位律师走进来问他,哪儿能找到一位速记员来帮忙——手头有些工作必须当天完成。

詹姆斯·波帕尔告诉他,公司所有速记员都去观看球赛了,如果晚

第七章
态度低调：事无巨细，勤奋务实

来5分钟，自己也会走。但詹姆斯·波帕尔同时表示自己愿意留下来帮助他，因为"球赛随时都可以看，但是工作必须在当天完成"。

做完工作后，律师问詹姆斯·波帕尔应该付他多少钱。詹姆斯·波帕尔开玩笑地回答："哦，既然是你的工作，大约800美元吧。如果是别人的工作，我是不会收取任何费用的。"律师笑了笑，向詹姆斯·波帕尔表示谢意。

詹姆斯·波帕尔的回答不过是一个玩笑，并没有真正想得到800美元。但出乎詹姆斯·波帕尔意料，那位律师竟然真的这样做了。6个月之后，在詹姆斯·波帕尔已将此事忘到了九霄云外时，律师却找到了詹姆斯·波帕尔，交给他800美元，并且邀请詹姆斯·波帕尔到自己公司工作，薪水比现在高出800多美元。

一个周六的下午，詹姆斯·波帕尔放弃了自己喜欢的球赛，多做了一点事情，最初的动机不过是出于乐于助人的愿望，而不是金钱上的考虑。詹姆斯·波帕尔并没有责任放弃自己的休息日去帮助他人，但那是他的一种特权，一种有益的特权，它不仅为自己增加了800美元的现金收入，而且为自己带来一项比以前更重要、收入更高的职务。

自动自觉而不是后知后觉

主动自觉地去工作，勇于承担更多的责任，你就永远也不必担心失掉工作。如果你能表现出胜任某种工作的素质，那么报酬和晋升也就会随之而来了。

哈伯德自认为自己是一个好雇员，做了自己应该做的事——记录顾客的购物款。然而有一天，当他正在和一个同事闲聊时，经理走了进来，他环顾四周，然后示意哈伯德跟着他。经理一句话也没有说就开始动手整理那些订出去的商品，然后他走到食品区，开始清理柜台，将购物车清空。

哈伯德惊讶地看着这一切，仿佛过了很久才醒悟过来。经理希望哈伯德和他一起做这些事！哈伯德之所以惊诧万分，不是因为这是一项新任务，而是它意味着他要一直这样做下去。可是，从前没有人告诉哈伯德要做这些事——其实现在也没有说过。

此事使哈伯德受益匪浅。这不仅使他成为一名更优秀的雇员，还让哈伯德从这项工作中得到了更多的教益。

这个教益就是，一个人要对自己的工作负责，在事业上要更上一层楼，不仅仅做别人安排自己做的事情。

一旦获得了这个教益，以前哈伯德认为低俗的工作开始变得有意思起来。他越是专注自己的工作，学到的东西和克服的困难也就越多。后来哈伯德离开那家商店去上大学，但是这种经验对他的人生和事业的影响是深远的，他从一个旁观者变成一个认真负责的人。

每一位雇员在每一项工作中都要相信这一点，你可以使自己的生活好起来，就从今天开始，就从现在的工作开始，而不必等到遥远未来的某一天你找到理想的工作再去行动。

所谓的主动，指的是随时准备把握机会，展现超乎他人要求的工作表现，以及拥有"为了完成任务，必要时不惜打破成规"的智慧和判断力。一个优秀的管理者应该努力培养员工的主动性，培养员工的自尊心。自尊心的高低往往影响工作时的表现，那些自尊心低的员工，凡事只求遵守公司规则，老板没让做的事，绝不会插手；而不墨守成规自尊心高的员工，则勇于负责，有独立思考能力，必要时会发挥创意，以完成任务。

第七章
态度低调：事无巨细，勤奋务实

做好手边的每一件事

成功绝非一朝一夕之事，它需要我们自身条件的完善，需要经验的积累，需要成熟的时机，等等。所以，心浮气躁之人很难推开成功的大门，唯有那些勤奋务实、脚踏实地的人才能一步步地接近成功。

杰克9岁那一年，因为家里穷，他去请求他家附近的报纸经销商史密斯先生，希望他能让自己放学后兼职送报。史密斯先生告诉他如果他有自行车，就给他一条送报路线。

杰克一家住在伦敦，身兼数职的爸爸给他买了一辆二手自行车，但接着爸爸就因肺炎住进医院，没办法教他骑。

幸而史密斯先生没说要看杰克的骑车技术，而只是要看看自行车。因此，杰克把车推到那里，让他看看，就上了工。

送报可不容易，尤其是星期天的报纸，页数多，分量重，杰克只好一步步上楼去送，如果是公寓大楼，就送到门口。碰到下雨或下雪，他就拿爸爸的旧雨衣盖在报纸上面，不让报纸被淋湿。

爸爸出院回家后，白天上班，却因身体太弱，不能再兼别的差事。为了应付开支，只好卖掉了杰克的自行车。

史密斯先生后来虽然也知道了杰克并未骑车送报，却对此绝口不提。

8个月下来，杰克送报纸路线上的订户从36户增加到59户。

那一年圣诞节前的晚上，杰克去按第一个订户的门铃，屋里灯亮着，却没有人开门。

他到另一家去，也没人开门。

没多久，杰克已经敲遍了大多数订户的门，按了他们的门铃，但看样子是没有一个人在家。

杰克很着急，因为第二天就是交报费的日子了。圣诞节就在眼前，他却没想到大家都会出门买礼物。

接着，杰克走到艾尔肯家，当听到屋里有音乐和人声的时候，他心里非常高兴。杰克按了门铃，大门应声而开，艾尔肯先生几乎是把他拖进门去的。

令杰克诧异的是，他的59位订户全部挤在艾尔肯先生的起居室里，房间中央有一辆崭新的自行车，深红色，有一盏电池车灯，还有车铃，把手上挂着帆布袋，里面鼓鼓地塞着五颜六色的信封。

"这是给你的，"艾尔肯太太说，"我们大家都凑了一份。"那些信封里是圣诞卡，另附那个星期应付的报费，大多数信封里还有一笔丰厚的小费。杰克愣住了，不知道该说些什么。

回到家，杰克点了点小费，超过100美元——这笔意外之财使他成了家里的英雄，也让他们家过了一个欢愉的圣诞假期。

杰克从此懂得，即便是最小的事情也要把它做好。而正是这种做事方法，使他踏上了成功之路。

继续走完下一里路

一些看似夸张、看似不可能完成的任务，其实只要我们肯埋下头耐心去做，就会发现——原来也不过如此。

西华·莱德先生是个著名的作家兼战地记者，他曾在某杂志上撰文表示，他所收到的最好的忠告是"继续走完下一里路"，下面是其中的

第七章

态度低调：事无巨细，勤奋务实

几段：

在第二次世界大战期间，我跟几个人不得不从一架破损的运输机上跳伞逃生，结果迫降到缅甸、印度交界处的树林里。如果要等救援队前来援救，至少要好几个星期，那时可能就来不及了，只好自己设法逃生。我们唯一能做的就是拖着沉重的步伐往印度走，全程长达140里，必须在8月的酷热和季风所带来的暴雨的双重侵袭下，翻山越岭长途跋涉。

才走了一个小时，我的一只长统靴的鞋钉刺到另一只脚上，傍晚时双脚都起泡出血了，范围像硬币那般大小。我能一瘸一拐地走完140里吗？别人的情况也差不多，甚至更糟糕。他们能不能走呢？我们以为完蛋了，但是又不能不走，好在晚上找个地方休息。我们别无选择，只好硬着头皮走下一里路……

战后，当西华·莱德先生开始专注于文学创作时，他又遇到了相似的问题，西华·莱德先生回忆道：

当我推掉原有工作，开始专心写一本15万字的大书时，一直定不下心来写作，差点放弃我一直引以为荣的教授尊严，也就是说几乎不想干了。最后不得不只去想下一个段落怎么写，而非下一页，当然更不是下一章了。整整6个月的时间，除了一段一段不停地写以外，什么事情都没做，结果居然写成了。

几年以前，我接了一件每天写一则广播剧本的差事，到目前为止一共写了2000个。如果当时就签一张"写作"2000个剧本的合同，一定会被这个庞大的数目吓倒，甚至把它推辞掉。好在只是写一个剧本，接着又写一个，就这样日积月累真的写出这么多了。

"继续走完下一里路"不仅是西华·莱德先生的做事法则，亦应成为我们每一个人的座右铭。一步一步去做，积少成多，是实现任何目标都可以用到的聪明方法。

一个人若想成功，就要学会"按部就班"地去做，无论摆在你面前的事情是否重要，都要将其视为"使自己向前跨一步"的良好契机，这样你才能够"更上一层楼"。

责任感是成功者的必备品质

责任感对一个渴望成功的人来说是非常重要的，有了责任感你就会为成功而做事，反之就只能是为做事而做事，而这两种不同做事方法会直接导致你成功或失败。多问自己"我做得怎么样"，这就是一种责任心。

有一个替人割草打工的男孩打电话给布朗太太说："您需要割草吗？"

布朗太太回答说："不需要了，我已经有了割草工。"

男孩又问："我会帮您拔掉草丛中的杂草。"

布朗太太回答："我的割草工已经做了。"

男孩还是说："我会帮您把草与走道的四周割齐。"

布朗太太说："我请的那人也已做了，谢谢你，我不需要新的割草工人。"

男孩便挂了电话。此时男孩的伙伴问他说："你不是就在布朗太太那儿割草打工吗？为什么还要打这个电话？"

男孩说："我只是想知道我究竟做得好不好！"

我们每一个人无论在什么时候，无论做什么，都有义务、有责任去做好它。这必须是发自内心的责任感，而不是为了获得他人的赞赏

第七章

态度低调：事无巨细，勤奋务实

尽职尽责，善始善终

责任心使得人们能时刻表现出一种令人信任的气质，随时随地都让人感觉到这是一个优秀的人。

星期天，一群小男孩在公园里做游戏，游戏的规则是这样的：他们在模拟一个军事活动。我们要知道，男孩对军队部署有着天然的兴趣。在这个部署中，有人扮演将军，有人扮演上校，也有人扮演普通的士兵。这个小男孩抽到了士兵的角色。

他要接受所有长官的命令，而且要按照命令丝毫不差地完成任务。

"现在，我命令你去那个堡垒旁边站岗，没有我的命令不准离开。"扮演上校的另一个男孩一边指着公园里的垃圾房，一边神气地对小男孩说道。

"是的，长官。"小男孩快速、清脆地答道。

接着，"长官"们离开现场。小男孩来到垃圾房旁边，立正，站岗。

时间一分一秒地过去了，小男孩的双腿开始发酸，双手开始无力，很显然已经进入疲劳状态。更要命的是，天色渐渐暗下来，却还不见"长官"来解除他的任务。

现在是什么时间？他不知道。

"长官"去了哪里？他也不知道，因为他不能离开岗位去寻找他的伙伴。

一个路人经过，看到正在站岗的小男孩，惊奇地问道：

"你一直站在这里干什么呢？你已经在这里站了两个多小时了。知道吗？下午进公园的时候我就看见你了。"

"我在站岗，没有长官的命令，我不能离开。"小男孩答道。

"你，站岗？"路人哈哈大笑起来，"这只是游戏而已，干吗当真呢？"

"不，我是一名士兵，要遵守长官的命令。"小男孩答道。

"可是，你的小伙伴们可能已经回到家里，不会有人来下命令了，你还是回家吧。"路人劝道。

"不行，这是我的任务，是我该负的责任，要是没有完成的话，以后他们就不让我参加军事演习了。我不能离开。"小男孩坚定地回答。

路人拿这位倔强的小家伙没有办法，他摇了摇头，准备离开。

小男孩开始觉得事情有一些不对劲：也许小伙伴们真的回家了。于是，他向路人求助道："其实，我很想知道我的长官现在在哪里。你能不能帮我找到他们，让他们来给我解除任务？"

路人答应了。过了一会儿，他带来了一个不太好的消息：公园里没有一个小孩子。更糟糕的是，再过10分钟这里就要关门了。

小男孩开始着急了，他很想离开，但是没有得到离开的准许，难道他要在公园里一直待到天亮吗？

事情并没有想象中那么糟糕。正在这时，一位军官走了过来，他了解完情况后，脱去身上的大衣，亮出自己的军装和军衔。接着，他以上校的身份郑重地向小男孩下命令，让他结束任务，离开岗位。

军官对小男孩的执行态度十分赞赏。回到家后，他告诉自己的太太："这个孩子长大以后一定是名出色的军人。他对工作岗位的责任意识让我震惊。"

军官的话一点没错，后来，小男孩果然成为一个赫赫有名的军队领袖——布莱德雷将军。

| 第七章
态度低调：事无巨细，勤奋务实

西点军校告诫学员：没有责任感的军官不是合格的军官，没有责任感的员工不是优秀的员工，没有责任感的公民不是好公民。责任感是一个人对自己、自然界和人类社会，包括国家、社会、集体、家庭和他人，主动施以积极有益作用的精神。每个人都有责任履行自己的职责和义务，心中没有责任感的人永远不会得到他人的认可，更不要说获得成功了。

最后一条裤子

很多人之所以总是与成功失之交臂，并不是因为他们能力不够、热情不足，而是因为他们虎头蛇尾、有始无终，缺少一种持之以恒的精神。

一位美国人来到某一裁缝店，要求小裁缝照他的尺寸做一条西裤。眼看学徒期满，小裁缝正迫不及待地要出师门，另谋出路，根本就没有心思去精工细做。结果，出师前的最后一条西裤被他做得粗糙不堪。

美国人摇着头走出店后，师傅才惋惜地告诉徒弟："那美国人是到这里招聘一批缝纫技术工的，为了把你推荐出去，我好不容易才把人家请到店里来进行考核。令我想不到的是，你那么精巧的手艺却做了一条那么粗糙的裤子。"

小裁缝闻言懊悔不已，他觉得自己没脸在制衣业中混下去了，于是他拜一位老工匠为师，转行盖起了房子。吸取以往的教训，小工匠一直尽心尽力地对待自己的工作，慢慢在业内有了一定的名声，他的老板

——某建筑公司老总亦对他赞赏有加。

随着岁月的流逝，小工匠慢慢变成了老工匠，他准备退休了。他告诉老板，自己不想再盖房子了，想和老伴过一种更加悠闲的生活。他虽然很留恋那份报酬，但他确实该退休了。

老板看到他的好工人要离开，感到非常惋惜，就问他能不能再建一栋房子，就算是给他个人帮忙。工匠答应了。可是，工匠的心思已经不在干活上了，不仅手艺退步，而且还偷工减料。房子建好后，老板来了，他拍拍工匠的肩膀，诚恳地说："房子归你了，这是我送给你的退休礼物。"

老工匠、当年的那个小裁缝霎时间目瞪口呆。

我们做每一件事的态度，将决定我们未来生活水平的高低，我们如何去对待生活，将直接影响我们未来生活的幸福指数。没有一颗低调的心，不用心去对待生活，幸福是不会眷顾于你的。当机会已成过去，再回首往事时，一切的懊悔都已无济于事。

消极的人生态度会令我们滋生惰性，令我们变得自私、散漫，最终走向愚蠢。可以说，很多时候决定成功与否的并不是能力，而是人的心态，心态好则潜能尽显。倘若你能够对自己所从事的工作保持足够的热情，积极进取、善始善终，那么成功势必离你不会太远。

然而遗憾的是，大多数人却如同故事中的人物一样，起初对工作、对生活、对爱情充满热忱，时间一长便变得漫不经心，消极应付。关键时刻因为没有尽力去做，结果失去大好良机。所以，无论是在工作还是生活中，我们都要做好最后一条裤子、盖好最后一栋房子。

| 第七章

态度低调：事无巨细，勤奋务实

多才多艺不如专精一门

人们在生活中都有这样的体会：有的人爱好广泛，什么事都想去尝试，结果却是什么事都没做好。其实"多才多艺"，不如把心思放在一件事上专心地把它做好。

多年前，身为化工厂工人的金太贤失业了。一个偶然的机会，他从一位英国军官那里学会了擦鞋，他很快就迷上了这种工作。只要听说哪里有好的擦鞋匠，他就千方百计地赶去请教、虚心学习。

日子一天天地过去了，金太贤的技艺越来越精。他的擦鞋方法别具一格：不用鞋刷，而用木棉布绕在右手食指和中指上代替，鞋油也自行调制。那些早已失去光泽的旧皮鞋，经他匠心独运地一番擦拭，无不焕然一新，光可鉴人，而且光泽持久，可保持一周以上。更绝的是，凭着高深的职业素养，与人擦肩而过时，他便能知道对方穿何种鞋；从鞋的磨损部位和程度，他可以说出这人的健康和生活习惯。他的精湛技艺，打动了一家四星级饭店，他们将金太贤请到饭店，为饭店的顾客擦鞋。

令人惊讶的是，自从金太贤来到饭店之后，演艺界的各路明星一到这里便非此家不住；一向苛刻挑剔的明星们对此情有独钟的原因非常简单，就是享受一下该店擦鞋的"五星级服务"。当他们穿着焕然一新的皮鞋翩然而去时，他们的心里深深地记下了金太贤的名字。

金太贤炉火纯青的技术、一丝不苟的精神和非凡的技艺，为他赢得了众多顾客的青睐。在他简朴的工作室内，堆满了发往各地的速寄纸箱。如今的金太贤早已成为饭店的一块金字招牌了。

金太贤的努力，为他自己创造出一份辉煌的业绩。事实上，只要我们用心去做，哪一件小事不能成就大业呢？

从以上的事例可以说明做好小事的重要性。小事不仅是成大事所必须做好的环节，而且从中也体现出一个人对工作的态度和方法。所以，做好每一件小事，是每一个渴望成功的人都要抓紧学好的必修课。

生命中的大事都是由小事堆积而成，没有小事的积累，也就成就不了大事。人们只有了解到这一点，才会开始关注那些以往认为无关紧要的小事，培养做事一丝不苟的美德，成为一个成功的人士。

一次只做一件事

一个人的精力是有限的，把精力分散在好几件事情上，不是明智的选择，而是不切实际的考虑。在这里，我们提出"一件事原则"，即专心地做好一件事，就能有所收益，能突破人生困境。这样做的好处是不致于因为一下想做太多的事，反而一件事都做不好，结果两手空空。

他从小文科成绩都是红字连篇，他的读写速度很慢，英文课需要阅读经典名著时，只能从漫画版本下手。他常常说："我的脑袋里有想法，但是却没有办法将它写出来。"后来医生诊断他患有识字障碍。之后他凭借优异的数理成绩，进入美国名校斯坦福大学就读。他发现商业课程对他而言比较容易，于是选择经济为主修，在英文及法文仍然不及格的同时，全力投注于商学领域，获得 MBA 学位。毕业时，他向叔叔借了 10 万美元，开始自己的事业。1974 年，他于旧金山创立的公司，如今已名列世界五百强企业，拥有 2.6 万多名员工。

| 第七章

态度低调：事无巨细，勤奋务实

他就是施瓦布，嘉信理财的董事长兼 CEO（首席执行官）。现在，施瓦布的读写能力仍然不佳，当他阅读时必须念出来，有时候一本书要看六七次才能理解，写字时也必须以口述的方式，借助电脑软件完成。

一个先天学习能力不足的人，何以能成就一番事业？施瓦布的答案是：由于学习上的障碍，让他比别人更懂得专注和用功。

"我不会同时想着 18 个不同的点子，我只投注于某些领域，并且用心钻研。"他说。

这种做事认真的专注态度，也展现于嘉信 27 年的历史中。当其他金融服务公司将顾客锁定于富裕的投资者时，嘉信推出平价服务，专心耕耘一般投资大众的市场，终于开花结果。之后随着科技的进步及顾客的成长，嘉信于每个时期都有专心投注的目标，许多阶段的努力成果，成为业界模仿的对象，在金融业立下一个个里程碑。

"一次只做一件事"，意味着一个人在某一段时间里只能把精力集中于一件事情，把一件事做到底。纵观失败的案例，大约有 50% 的情况是由于半途而废，未能坚持下去所致。

受挫自省，方能厚积薄发

人身处逆境之中，仿佛身侧皆是治病用的针砭药石，所以可时时自觉纠正自己的行为，陶冶自己的性情；处在顺境中，眼前就像布满了看不见的刀枪戈矛，人的意志逐渐消磨也浑然不觉。

苏秦出身于农民家庭，家里很穷，他读书时，生活非常艰苦，饿极了就把自己的长发剪下来卖点钱，还常常帮人抄写书简，这样既可以换饭吃，又在抄书简的同时学到很多知识。这时，苏秦以为自己的学识已差不多了，就外出游说。他想见周天子，当面陈述自己的政见、对时势的看法，但没有人为他引荐。他来到西方的秦国，求见秦惠文王，向他献计怎样兼并六国，实现统一。秦惠文王客气地拒绝了他的意见，说："你的意见很好，只是我现在还不能做到啊！"苏秦想，建议不被采纳，能给个一官半职也好嘛，可是他什么也没有得到。他在秦国耐着性子等了一年多，家里带来的盘缠都花光了，皮袄穿破了，生活非常困难，无可奈何，只好长途跋涉回家去。

苏秦回到家里，一副狼狈的样子，一家人很不高兴，都不理他，父母不与他说话，妻子坐在织机上只顾织布，看也不看他。他放下行李，又累又饿，求嫂嫂给他弄点饭吃，嫂嫂不仅不弄，还奚落他一顿。在一家人的责怪下，苏秦非常难过。他想：我就这么没出息吗？出外游说，宣传我的主张，人家为什么不接受呢？那一定是自己没有把书读透，没有把道理讲清楚。他感到很惭愧，但是他没有灰心，他暗暗下决心，一定要把兵法研习好。

有了决心，行动也跟上来了。白天，他跟兄弟一起劳动，晚上就刻苦学习，直到深夜。夜深人静时，他读着读着书就疲倦了，总想睡觉，眼皮粘到一块儿怎么也睁不开。他气极了，骂自己没出息。他想，瞌睡是一个大魔鬼，我一定要想法治治它！他想的是什么法子呢？他找来一把锥子，当困劲上来的时候，就用锥子往大腿上一刺，血流出来了。这样虽然很疼，但这一疼就把瞌睡冲走了。精神振作起来，他又继续读书。

苏秦就这样苦苦地读了一年多书，掌握了姜太公的兵法，他还研究了各诸侯国的特点，以及它们之间的利害冲突，他又研究了诸侯的心理，以便于游说他们的时候，自己的意见、主张能被采纳。这时苏秦觉得已有成功的条件，他再次离开家，风尘仆仆地踏上了游说之路。

第七章
态度低调：事无巨细，勤奋务实

这次苏秦获得了很大的成功。公元前333年，六国诸侯正式订立合纵的盟约，大家一致推苏秦为"纵约长"，把六国的相印都交给他，让他专门管理联盟的事。

受挫自省，不怨天尤人；刺股律己，终成大器。苏秦的这条成才之路，给后人留下了许多启示。

要做就做最好

一个能够享有盛名、迅速成功的人，做起任何事情来，一定十分清楚敏捷，处处得心应手；一个为人含糊不清的人，做起事来，一定也是含糊不清。天下事不做则已，要做就非做得十分完善不可，不然你就一定会被淘汰。

在宾夕法尼亚的山村里，曾有一位出身卑微的马夫，他后来竟成为美国一位著名的企业家，他那惊人的魄力、独到的思想，为世人所钦佩。他就是查理·斯瓦布先生。

他的成功秘诀在于：他每得到一个位置时，从不把月薪的多少放在心里，他最注意的是把新的位置和过去的比较一番，看看是否有更大的前途。

当他还在钢铁大王卡耐基的厂中做工时，曾自言自语地说："总有一天我要做到本厂的经理，我一定要做出成绩来给老板看，使他自动来提升我。我不去计较薪水，尽管拼命工作，我要使我的工作价值，远超乎我的薪水之上。"他既然打定了主意，便抱着乐观的态度，欢欣愉快地努力工作。当时恐怕任何人也料不到他会有今日的成就！

斯瓦布先生小时候的生活环境非常贫苦，他只受过短时间的学校教育。从15岁起，他就在宾夕法尼亚的一个山村里赶马车了。过了两年，他才谋得另外一个工作，每周只有2.5美元的报酬。到了25岁时，他就当上了那家房屋建筑公司的经理。又过了5年，他便兼任起卡耐基钢铁公司的总经理。到了39岁，他一跃升为全美钢铁公司的总经理。

斯瓦布每次获得一个位置时，总以同事中最优秀者作为目标。他从未像一般人那样脱离现实，想入非非。

斯瓦布深知一个人只要有决心，肯努力，不畏艰难，他一定可以成为成功的人。他的一生就像是一篇情节曲折的童话，我们从他的成功史中，可以看出努力劳动的伟大价值。他做任何事情总是十分乐观和愉快，同时要求自己做得精益求精。他做事总是按部就班，从不妄想一步成功，所以他的升迁是必然的。

第八章
情怀低调：淡泊名利，任心清净

　　静，是修身养性的重要原则，静如止水才能排除私心杂念，无欲无求，心平气和。水中月、镜中花不足为依，虚幻的东西不应以为动。情欲物欲到头来终是一场空，故心境宜静，意念宜修，心地常空，不为欲动，宁静以致远，淡泊以明志。这时的心便是一尘不染的明镜，无邪念袭来，映人之本性。

盛名之下，其实难负

盛名之下，是一颗活得很累的心，因为它只是在为别人而活着。我们常羡慕那些名人的风光，可我们是否了解他们的苦衷？其实大家都一样，希望能为自己活着，心随所欲，这样的生活才更有意义。

有一座山多奇树。

好多好多年以前，有一位名画家上山，快登临顶峰时，坐下小憩，忽然发现前方一棵树斜出悬崖，虬枝奇干，他连声赞美，画心大发，那树于是跃然纸上。

这幅画参加画展，获奖、登报、选入画册，然后，被人们照着样子织成绵缎、烧在瓷上、印在衬衫上、刻在纪念品上，一时间弄得满世界都是。这棵树一举成名，所有的人都知道那山上有一棵奇树，所有的人上那座山都要寻那棵奇树，要与它合影，以证明自己去过了那座山。

出了名的树渐渐地就支撑不住自己的大名声了，但这时它已身不由己。出了名的树是不可以偷懒的，出了名的树尤其是不可以倒下的，那座山的主人这样想，所有见过与没见过这棵树的人都这样想。山的主人便在树旁搭了一间小矮屋，派了一个人日日夜夜看护着这棵树，至今已有好几个年头。厚厚一大册簿子，记录着这棵树的每一根松针掉落，每一片树皮剥脱，每一根枝干变异。但即使是这样细心呵护，这棵树亦已不行了，现在它必须随时随刻地依赖于一个可快速伸缩拆卸的撑架，以勉强维持它的奇姿。

第八章

情怀低调：淡泊名利，任心清净

现在这棵树早已不是当初迎风傲雪、生机勃勃的那棵树了，可慕名前来的人们依然对它兴致盎然，它只为不扫人们的兴才勉强站着。

出了名的树其实只有一个极小的愿望，希望能跟它的所有同伴，如满山的"凡"树那样，自生自灭。

淡看名与利

我们做人，唯有高树理想与追求，淡看名利与享受，才能处身于浮华尘世而独守心灵的一方净土；才能面对世间种种诱惑而心平如镜不泛一丝波澜。须知，唯有保持心的清静，我们才能书写一段精彩的人生。

某人祖辈以屠猪卖肉为生，至他时已传承三代，在 30 年的卖肉生涯中，他练就了"一刀准"的绝技。他在卖肉时，身旁虽放有一台电子秤，但却很少用到。有人买肉，只要说出斤两，他便笑眯眯地点点头，说声"好嘞！"手起刀落，再用刀尖轻轻一挑，猪肉在空中划过一道弧线，便稳稳地落在张开的塑料袋中，然后他自信地说一声："保证分毫不差，少一两，赔一斤！"有人不信邪，将肉放在电子秤上一称，果然是分毫不差。

这一年，当地电视台举办"绝技"挑战大赛。于是便有人劝他："你那'一刀准'绝对称得上是绝技，如果你去参赛，捧个头奖准不成问题。"该人心动了，依言去报了名。

比赛那天，主持人宣布："现在请某师傅给我一刀切 2 斤 7 两肉，要一两不多，一两不少。如果切准了，那两万元奖金就属于您了！"该人闻言点了点头，小心翼翼地拿起切刀，但他左比量右比量，却迟迟不敢下手，额头上甚至还渗出了细细的汗珠。过了片刻，在主持人的一再催促之下，他咬紧牙，一刀切了下去。而后放在电子秤上一称——2斤8两半，整整多出1两半……

原本精湛无双的刀艺，为何会在这一刻失准呢？很明显，就是那两万元奖金扰乱了他的心神，从而使他无法发挥出自己真正的水平。

我们做人，唯有高树理想与追求，淡看名利与享受，才能处身于浮华尘世而独守心灵的一方净土；才能坦对世间种种诱惑而心平如镜不泛一丝波澜。须知，唯有保持心的清静，我们才能书写一段精彩的人生。

馒头与点心没什么两样

有钱固然是好，但是大量的财富却是桎梏。如果你认为金钱是万能的，你很快就会发现自己已经陷入痛苦之中。其实同是果腹，窝头与点心并无差别。

1936年，美国好莱坞影星利奥·罗斯顿在英国一次演出时，因患心率衰竭被送进了伦敦一家著名的医院——汤普森急救中心，因为他的疾病起因于肥胖，当时他体重385磅，尽管抢救他的医生使用了当时医院最先进的药物和医疗器械，但最终还是没有能够挽留住他的生命。他在临终时不断自言自语，一遍遍重复道："你的身躯很庞大，但你的生命需要的仅仅是一颗心脏。"

汤普森医院的院长为一颗艺术明星过早地陨落而感到非常伤心和惋惜，他决定将这句话刻在医院的大楼上，以此来警策后人。

| 第八章 |

情怀低调：淡泊名利，任心清净

1983 年，美国的石油大亨默尔在为生意奔波的途中，由于过度劳累，患了心率衰竭，也住进了这家医院，一个月之后，他顺利地病愈出院了。出院后他立刻变卖了自己多年来辛苦经营的石油公司，住到了苏格兰的一栋乡下别墅里去了。1998 年，在汤普森医院百年庆典宴会上，有记者问前来参加庆典的默尔："当初你为什么要卖掉自己的公司？"默尔指着刻在大楼上的那句话说："是利奥·罗斯顿提醒了我。"

后来在默尔的传记里写有这样一句话："巨富和肥胖并没有什么两样，不过是获得了超过自己需要的东西罢了。"

的确，多余的脂肪会压迫人的心脏，多余的财富会拖累人的心灵。因此，对于真正享受生活的人来说，任何不需要的东西都是多余的，他们不会让自己去背负这样一个沉重的包袱。人如果想活得健康一点儿、自在一点儿，任何多余的东西都必须舍弃。金钱对某些人来说，可能很重要，但对某些人来说，一点儿也不重要。不要做金钱的奴隶，金钱不是万能的，它不能买到世间的一切。

富贵之下，你快乐吗

从古到今，芸芸众生忙碌不已，为衣食、为名利、为自己、为子孙……却没有人肯静下心来思考一下：忙来忙去为什么？

从前有个国王，放弃了王位出家修道。他在山中盖了一座茅草棚，天天在里面打坐冥想。有一天感到非常得意，哈哈大笑起来，感慨道："如今我真是快乐呀。"

旁边的修道人问他："你快乐吗？如今孤单地坐在山中修道，有什么快乐可言呢?"

国王说:"从前我作国王的时候,整天处在忧患之中。担心邻国夺取我的王位,恐怕有人劫取我的财宝,担心群臣觊觎我的财富,还担心有人会谋反……现在我作了和尚,一无所有,也就没有算计我的人了,所以我的快乐不可言喻呀。"

人生往往如此:拥有的越多,烦恼也就越多。因为万事万物本来就随着因缘变化而变化,凡人却试图牢牢把握让它不变,于是烦恼无穷无尽。倒不如尽量放下,烦恼自然会渐渐减少。话虽如此,又有谁能放下呢?

许多人都有贪得无厌的毛病,正因为贪多,反而不容易得到。结果患得患失,徒增压力、痛苦、沮丧、不安,一无所获。

一念之私,坏了一生

> 人只一念贪私,便销刚为柔,塞智为昏,变恩为惨,染洁为污,坏了一生人品。故古人以不贪为宝,所以度越一世。

相传宋仁宗年间,深泽某村,一个只有母子两个人的家庭,母亲年迈多病,不能干活,儿子王妄,30岁,还没讨上老婆,靠卖些草来维持生活,日子过得很苦。

这一天,王妄跟以往一样到村北去拔草,无意之中,发现草丛里有一条7寸多长的花斑蛇,浑身是伤,动弹不得。王妄动了怜悯之心,将蛇带回了家,小心翼翼地为它冲洗涂药,蛇苏醒后,冲着王妄点了点头,表达它的感激之情。母子俩见状非常高兴,赶忙为它编了一个小荆

第八章

情怀低调：淡泊名利，任心清净

篓，小心地把蛇放了进去。从此，王妄母子俩对蛇精心地护理，蛇的伤逐渐痊愈，蛇身也渐渐长大，而且总像是要跟他们说话似的，很是可爱，为母子俩单调寂寞的生活增添了不少乐趣。日子一天天过去，王妄照样打草，母亲照样守家，小蛇整天在篓里。一天，小蛇觉得闷在屋子里没意思，便爬到院子里晒太阳。让人意想不到的是，蛇被阳光一照，变得又粗又长，有如大梁，撞见如此情景的王母惊叫一声昏死过去。等王妄回来，蛇已回到屋里，也恢复了原形，却用人类的语言着急地向王妄说："我今天失礼了，把母亲给吓死过去了，你赶快从我身上取下3块小皮，再弄些野草，放在锅里煎熬成汤，让娘喝下去就会好。"王妄说："不行，这样会伤害你的身体，还是想别的办法吧！"花斑蛇催促着说："不要紧，你快点，我能顶得住。"王妄只好流着眼泪照办了。母亲喝下汤后，很快苏醒过来，母子俩又感激又纳闷，可谁也没说什么。王妄再一回想每天晚上蛇篓里放金光的情形，更觉得这条蛇非同一般。

话说宋仁宗整天不理朝政，宫里的生活日复一日，没什么新样，他觉得厌烦，想要一颗夜明珠玩玩儿，就张贴告示，谁能献上一颗，就封官受赏。这事传到王妄耳朵里，回家对蛇一说，蛇沉思了一会儿说："这几年来你对我很好，而且有救命之恩，我总想报答，可一直没机会，现在总算能为你做点事了。实话告诉你，我的双眼就是两颗夜明珠，你将我的一只眼挖出来，献给皇帝，就可以升官发财，老母也就能安度晚年了。"王妄听后非常高兴，可他毕竟和蛇有了感情，不忍心下手，说："那样做太残忍了，而且你会疼得受不了的。"蛇说："不要紧，我能顶住。"于是，王妄挖了蛇的一只眼睛，第二天到京城，把宝珠献给皇帝。满朝文武从没见过这么奇异的宝珠，赞不绝口，到了晚上，宝珠发出奇异的光彩，把整个宫廷照得通亮。皇帝非常高兴，封了王妄一个大官，并赏了他很多金银财宝。

皇上看到宝珠后，很赏识，已占为己有，西宫娘娘见了，也想要一颗。不得已，宋仁宗再次下令寻找宝珠，并说把丞相的位子留给第二个献宝的人。王妄想，我把蛇的第二只眼睛弄来献上，那丞相不就是我的了吗？于是到皇上面前说自己还能找到一颗，皇上高兴地把丞相的官职给了他。可万没想到，王妄的卫士去取蛇的第二只眼睛时，蛇无论如何不给，说非见王妄才行，王妄只好亲自来见蛇。蛇见了王妄直言劝道："我为了报答你，已经献出了一只眼睛，你也升了官，发了财，就别再要我的第二只眼睛了。人不可贪心。"王妄早已鬼迷心窍，哪里还听得进去，厚颜无耻地说："我不是想当丞相吗？你不给我眼睛，我怎么能当上呢？况且，这事我已跟皇上说了，官也给了我，你不给不好收场呀，你就成全了我吧！"他执意要取蛇的第二只眼睛，蛇见他变得这么贪心残忍，早气坏了，就说："那好吧！你拿刀子去吧！不过，你要把我放到院子里再去取。"王妄早已等待不得，对蛇的话也不分析，一口答应，就把蛇放到了阳光照射的院子里，转身回屋取刀子，等他出来要剜宝珠时，蛇身已变成了大梁一般，张着大口冲他喘气，王妄吓得魂都散了，想跑已来不及，蛇一口就吞下了这个贪婪的人。

另有一则故事，说是春秋末期，周朝的统治分崩离析，各诸侯纷纷独立，割据一方。晋国是其中实力较强的一个诸侯国。晋国有赵襄子、魏桓子、韩康子、范氏、智伯、中行氏六个上卿。其中，智伯野心勃勃，千方百计地想扩展自己的势力范围。他先联合韩、赵、魏三家攻打中行氏，强占了中行氏的土地。过了几年，他又强迫韩康子割让了一块有一万户人家的封地。接着，他又威逼魏桓子。魏桓子迫不得已，也只好割地求和。获得这3位上卿的土地后，智伯得意忘形，以为天下所有人都害怕自己，便又要求赵襄子割让蔡和皋狼这两个地方。赵襄子坚决不肯答应。智伯恼羞成怒，胁迫韩康子和魏桓子一同讨伐赵襄子，双方在晋阳对峙了3年。赵襄子采纳谋士张孟谈的计策，说服韩康子和魏桓

第八章

情怀低调：淡泊名利，任心清净

子与自己联合起来，乘夜出兵偷袭智伯，将他杀死。智伯因为十分贪心，永远得不到满足，终于落了个亡命的下场。

　　品行的修养是一生一世的事，艰苦而又有些残酷，尤其古人对品行有污染者很不愿意原谅。为人绝对不可动贪心，贪心一动良知就自然泯灭，良知泯灭就丧失了正邪观念，正气一失，其他就随意而变了。俗话说，吃人家的嘴软，拿人家的手短。生活中一些人抵不住"贪"字，灵智为之蒙蔽，刚正之气由此消除。在商品社会，许多人经不住贪私之诱，以身试法。"不贪"真应如利剑高悬才对，警世而又可以救人。

利字当头，同室操戈

富贵家，且宽厚，而反忌克，如何能享？

　　三国时，曹操被刘备在汉中击败，退入邺郡，还没有安定下来，关羽就发动了襄樊之战。曹操拖着老病（头风病）之身，先到洛阳，又南下摩陂，得胜之后回到洛阳，已经是劳病交瘁，无心回邺城了。刚刚过了半个月，病情加重，于公元220年1月病死在洛阳，享年66岁。曹操一向提倡节俭，自然也反对厚葬。他在遗嘱中写道：

　　"天下尚未安定，不要遵照古代的丧葬制度行事。安葬以后，文武百官人等都要去掉丧服。驻屯各地的将士不得离开驻地。官员们各守职位。我入殓时，要穿一般的衣服，不得用金玉珍宝陪葬。"

　　可是关于谁继位当魏王，要不要让儿子赶快像周武王那样当皇帝等等大事，曹操到死也不说个明白。因为一来已经正式立曹丕为王太子，继位的事有了法律依据；二来他自己知道，死了以后的事也管不了许多，还是让自己最信任的大臣去办吧。

曹操的原配丁夫人没有生儿子。刘夫人生了个儿子曹昂，在征讨张绣时为救曹操而死。后来的卞夫人一共生有4个儿子：老大曹丕，老二曹彰，老三曹植，老四曹熊。其中老二曹彰勇武善战，曹操常常让他统兵打仗，立了不少战功。老四曹熊很软弱，早早地就死了。老三曹植富有文才，最得曹操和卞夫人的喜爱，曹操曾想让他继位，这自然引起老大曹丕的无限恐惧。后来近臣们以袁绍、刘表等废长立幼，引出变故的教训暗示曹操，才勉强立曹丕为王太子，不过曹丕对三弟曹植却一直放心不下。

曹操死于洛阳之时，曹丕正在邺城坐镇，临淄侯曹植在自己的封地临淄，只有曹彰带着兵马从长安赶到洛阳。来者不善，曹彰开口就问主持丧事的贾逵："我先王的玺绶现在何处？"这不明明要以武力夺取王位吗？贾逵马上板起脸来回答："家中有长子，国中有太子，您可不该问先王玺绶的事！"曹彰不过是个武夫，吓得不敢再多嘴，拥护曹丕的大官们赶紧把曹操的灵柩运往邺城，并抢着以卞王后的名义，立曹丕为魏王。第二天，华歆也从许都拿着汉献帝命令曹丕继承魏王和汉丞相兼领冀州牧的诏书赶来了。曹丕顺顺利利地继承了父位，执掌了大权。

曹丕掌权后的第一件事就想起了三弟曹植。过去是兄弟，而现在是君臣，地位完全不同了。恰巧曹彰和另外二十几位兄弟（不是王后亲生）都来奔丧，只有曹植没来，曹丕立即以魏王的名义，命令十分忠于曹操和自己的猛将许褚带兵，连夜赶往临淄，把曹植、丁仪、丁和捉到邺城。3个人都知道性命难保。果然，曹丕先下令杀死丁仪、丁和两家的全部男子，然后，曹丕要亲自治一下曹植了。

曹植心里非常明白，只要大哥牙缝里挤出半个"死"字来，他就

第八章

情怀低调：淡泊名利，任心清净

得和丁氏二兄弟一样了。曹丕趾高气扬地开始训斥起曹植来。他说："我和你在亲情上虽然是兄弟，可是在义理上却属于君臣！你怎么敢蔑视礼法，不来为先王奔丧？"曹植一个劲儿地叩头："我罪该万死，罪该万死！"曹丕继续威严地说："先王在世的时候，你常拿着自己的文章在人们面前夸耀，我很怀疑是不是别人代你写的。我现在限你在7步之内吟诵出一首诗来。你如果真能七步成诗，我就免你一死。如果不能，就要重重治罪，决不宽恕！"曹植是有真才的人，这当然难不倒他。他抬起头来说："请大王出题。"曹丕说："我和你是兄弟，就以我们兄弟为题赋诗，但诗中不准出现'兄弟'的字样。起来试试吧！"曹植站起身来，慢慢走了不到7步，诗已顺口而出：

煮豆燃豆萁，豆在釜中泣。

本是同根生，相煎何太急！

曹丕一听不要紧，泪水不觉涌出了眼眶。曹植明明是把哥哥比作豆萁，把自己比作豆子。要燃豆萁来煮豆子，这不正像曹丕要杀害曹植一样吗？这时一直躲在里面的卞太后也痛不欲生地出来，哭着说："当哥哥的为什么要这样狠心逼弟弟呀！"

人情的冷暖变化，权贵之家往往比贫苦人家更为明显；嫉妒的心理，在至亲骨肉之间比外人表现得更为严重。面对这种情况，如果不能用冷静的态度予以处理，以平和的心态控制自己，那就很少有人不是天天处在烦恼的困境中了。

人往往是有了钱还要更多些，有了权还要更大些，以至生活中终日钻营处处投机的小人，像苍蝇一样四处飞舞，个人的私欲总处于成比例的膨胀状态。如此现实，的确需要人们提高修养水平，用理智来战胜私欲物欲，否则人间的"情"又将何在？

恪守道德，甘于清贫

一个能够坚守道德准则的人，也许会寂寞一时；一个依附权贵的人，却会有永远的孤独。心胸豁达宽广的人，宁可坚守道德准则而忍受一时的寂寞，也绝不会因依附权贵而遭受万世的凄凉。

西汉扬雄世代以农桑为业，家产不过十金，"乏无儋石之储"，却能淡然处之。他口吃不能疾言，却好学深思，"博览无所不见"，尤好圣哲之书。扬雄不汲汲于富贵，不戚戚于贫贱，"不修廉隅以徼名当世"。

40多岁时，扬雄游学京师。大司马车骑将军王音"奇其文雅"，召为门下史。后来，扬雄被荐为待诏，以奏《羽猎赋》合成帝旨意，除为郎，给事黄门，与王莽、刘歆并立。哀帝时，董贤受宠，攀附他的人有的做了二千石的大官。扬雄当时正在草拟《太玄》，泊如自守，不趋炎附势。有人嘲笑他，"得遭明盛之世，处不讳之嘲"，竟然不能"画一奇，出一策"，以取悦于人主，反而著《太玄》，使自己位不过侍郎，"擢才给事黄门"，何必这样呢？扬雄闻言，著《解嘲》一文，认为"位极者宗危，自守者身全"。表明自己甘心"知玄知默，守道之极；爱清爱静，游神之廷；惟寂惟寞，守德之宅"，决不追逐势利。

王莽代汉后，刘歆为上公，不少谈说之士用符命来称颂王莽的功德，也因此授官封爵，扬雄不为禄位所动，依旧校书于天禄阁。王莽本以符命自立，即位后，他则要"绝其原以神前事"。可是甄丰的儿子甄寻、刘歆的儿子刘棻不明就里，继续作符命以献。王莽大怒，诛杀了甄

第八章

情怀低调：淡泊名利，任心清净

丰父子，将刘棻发配到边远地方，受牵连的人，一律逮捕，无须奏请。刘棻曾向扬雄学作奇字，扬雄不知道他献符命之事。案发后，他担心不能幸免，身受凌辱，就从天禄阁上跳下，幸好未摔死。后以不知情，"有诏勿问"，得以幸免治罪。

道德这个词看起来有点高不可攀，但仔细回味，却如吃饭穿衣，真切自然，它是人人所应恪守的行为准则。在历史的发展过程中，才人辈出，却大浪淘沙，说到底，归于人格之高低。真正有骨气的人，恪守道德，甘于清贫，尽管贫穷潦倒，寂寞一时，却终受人赞颂。

不要无止境地求名

沉溺于名会让你找不到充实感，让你备感生活的空虚与落寞。尤为可怕的是，虚名在凡人看来往往闪着耀眼的光芒，引诱你去追逐它。尽管虚名本身并无任何价值可言，也没有任何意义，但是总有那么一些人为了虚名而展开搏杀。真正体会到生命的意义、人生的真谛的人都不会看重虚名。

有一名40多岁的女士，早年费尽心力，终于拿到博士学位，并且在一所著名的大学里任教，在学术界享有盛名。提起自己的成就，她最得意的是："很多当年的同学都很羡慕我！"

当提及她的生活时，她的表情开始转为凝重。她承认自己几乎没有家庭生活："我一天只睡5个小时，绝大多数的时间都用来做研究。我的先生常和我争吵，唯一的女儿也跟我很疏远，我从来没有跟他们出去度过一天假，所有的时间都给了工作。"

一个女人非得要把自己弄得那么累吗？她重重地叹了一口气："唉！你不知道，干我们这一行，不进则退，后面马上就有人追上来了！"再问到她感觉快乐吗？她愣了许久，最后终于说出真话："老实说，我一点都不快乐，我恨死了我现在的工作！我只想好好坐下来，什么事都不做。可是，我简直不敢回头想。以前，我的愿望只是想当一名高中老师。"

很显然，"名利"这个词，早已吞噬了这位女士的心灵，对她只有伤害，毫无益处。无止境地竞逐成就，只会将人弄得愈来愈累，很多人的生活因此失去了平衡，他们不知道何时该停下来休息。

人生活在这个社会中，不可能事事顺心。或许一生的努力都是徒劳，或许高官厚禄、巨额钱财在顷刻之间就会离你而去，荣耀风光成为黄粱一梦。一些人老谋深算，为了争名夺利，不择手段地算计他人，可在突然之间却已被他人算计。人何必活得这么辛苦？因此，淡泊名利是人生幸福的重要前提。如果你渴望轻松，渴望真正地获得生命的意义，那么请记住——看淡名利。

勿为名利所累

人若终日背负名利于心，试问何处盛装快乐？若整日尔虞我诈，试问快乐从何而言？若患得患失，阴霾不开，试问快乐又在哪里？若心胸狭隘，不懂释然，试问快乐何处寻找？

惠子和庄子一向友情很深，惠子当梁国的宰相时，有一次庄子前去看他。庄子来了以后，有人在背后对惠子说："庄子这次来，是想取代

第八章

情怀低调：淡泊名利，任心清净

你宰相的位置，您小心点！"

惠子一听便担心了，决定先下手为强，捉拿庄子，以除后患。可是在全国搜捕了3天，始终没发现庄子的影子。当惠子放下心来依旧当他的宰相时，庄子却来求见。原来庄子并没逃走，只是藏起来了。

庄子对惠子说："南方有一种鸟名叫鹓，您听说过吧。那鹓，是凤凰一类的鸟。它从南海飞到北海，不是梧桐不栖身，不是竹子的果实不吃，不是甘美的泉水不喝。就在这时，一只老鹰抓到了一只腐烂的死老鼠，鹓从它的身边走过，老鹰便紧张起来，抬头对鹓说：'想拿走梁国相位来吓唬我吧？'老鹰把死老鼠抓得更紧了。"

听庄子讲完，惠子面红耳赤，不知说什么好。

还有一次，庄子在濮河上钓鱼，楚威王派两个大夫前来，带着楚威王的亲笔信，要请庄子去当楚国的宰相。两个大夫客气地转达楚威王的问候："大王想拿我们国家的事麻烦您，请不要推却！"

庄子只自顾自地钓鱼，手里拿着钓竿，眼睛盯着水面，对两位大夫的恭敬与楚王的盛情，一点也不理睬。最后庄子说："我听说楚国有一只神龟，死了已经3000年了。楚王把它的遗体，用竹箱子装着，用手巾盖着，珍藏在庙堂里。您二位说说，这只龟，是愿意死了以后，留下骨头让人珍惜呢，还是宁愿活着，在沼泽中摇头摆尾呢？"

二位楚大夫答道："那当然是愿意活着，在沼泽里摇头摆尾了。"

庄子大笑道："那好，您们回去吧。我愿意活着，在沼泽里摇头摆尾，自由自在。"

人处于世间，如果能从宇宙和用历史的眼光来看待人生，会深感人生之渺小，生命之短暂。以此而言，斗胜争强、求名夺利意义何在？如此就会生活得更好吗？

成功在不经意间

世间许多事都如此，当你刻意追逐时，它就像蝴蝶一样振翅飞远；当你摒去表面的风尘杂念，为了社会、为了他人，专心致力于一件事情时，那意外的惊喜却在悄悄接近你。

以前有这样一位天才面包师，他自打一生下来那天起，就对面包拥有着无比浓厚的兴趣，每每闻到面包的香味，他都会沉浸其中，如醉如痴。长大以后，他如愿以偿地成为了一名面包师。

他做面包的时候，一定要选用绝对优良的面粉和黄油；要有一尘不染、闪光晶亮的器皿；打下手的姑娘要令人赏心悦目；伴奏的音乐要称心宜人。这4个条件缺一不可，否则他就酝酿不出情绪，没有创作灵感。

他完全把面包当作艺术品，哪怕只有一勺黄油不新鲜，他也要大发雷霆，认为那简直是难以容忍的亵渎。要是哪一天没做面包，他就会满心愧疚：馋嘴的孩子和挑剔的姑娘只能去吃那些粗制滥造的面包了。他从来不去想今天少做了多少生意，然而，他的生意却出人意料地好，超过了所有比他更聪明、更迫切想赚钱的人。

倘若你过分看重某一件事，心中装满了欲念，使之无法平静、坦然，或许你真的就无法品尝到成功的果实。倘若你心无杂念，想的只是如何做好自己该做的事情，成功或许就会在不经意间降临到你的身上。

| 第八章 |

情怀低调：淡泊名利，任心清净

琐事枉生烦恼

伏尔泰曾经说过："使人疲惫的不是远方的高山，而是鞋子里的一粒沙子。"生命短暂，总是习惯为小事烦恼的人，实在是自找苦吃。

有一个年过四十，拥有一家业务蒸蒸日上的公司的女经理，她化着淡妆，衣着简单而高雅，只要不谈公事，她总是开开心心的，不只是家人愿意和她相处，做生意时也会觉得和她合作很愉快。所以，她的生意愈做愈好。

同龄的女客户好奇地问她，保持青春的秘诀是什么？

这位女士回答："我不知道，大概是因为我没有烦恼吧！从前年轻的时候，常常为鸡毛蒜皮的事烦恼得不得了，连男朋友对我说：喂！你怎么长了颗青春痘！我都会烦恼得睡不着觉，心想：他讲这句话的意思是不是他不爱我了？直到我爸爸去世。

"我爸爸20多岁就开始创业，40岁时就已经是一个大老板了，他车祸去世前几天，正为公司少了一笔10万元的账烦恼。我爸爸一向不爱看账本，那个月他忽然把会计账本拿出来瞧。主管会计的人是他的合伙人，因为这一笔账去路不明，他开始怀疑两个人多年来的合作是否都有被吃账的问题。我妈妈说，他开始睡不着觉，睡不着就开始喝酒，喝酒后就变得烦躁，越烦躁越喝酒。有天晚上应酬后开车回家，发生了车祸……他走了之后，我妈妈处理他的后事时发现，他的合伙人只不过把这个公司的10万元挪到那个公司用，不久又挪回来了。没想到我爸爸为了这笔钱，烦了那么久……

"从我爸爸身上我得到了这一教训,不要制造烦恼,不要自找麻烦,就以最单纯的态度去应付事情本来的样子。这也许是我不太会长皱纹的原因吧!"

也许我们从这位女经理身上可以感悟到:每个人的周遭一定有看起来像"烦恼制造机"的人,他们总在为不可能发生的事、不足挂齿的事、事不关己的事烦恼。在日积月累的烦恼中,他们对别人一个无意的眼神、一句无心的话,都犯疑心病,仿佛在努力地防止"病毒"入侵,但同时也失去了获得快乐的可能。

人对了,世界就对了

输是什么?失败是什么?什么也不是,只是更走近成功一步;赢是什么?成功是什么?就是走过了所有通往失败的路,只剩下一条路,那就是成功的路。

有一位教授,正在考虑明天给学生们上一节哲学课,却因为总想不到一个好的讲题而很着急。这时,他6岁的儿子总是隔一会儿就跑到他的书房里去,要这要那,弄得他心烦意乱。

教授为了安抚他的儿子不让他来捣乱,情急之下,从书桌上的一本杂志里找出一张世界地图的夹页,随手撕了下来并将其撕碎了,递给儿子说:

"来,我们做一个有趣的拼图游戏。你回自己房里去把这张世界地图拼好,我就给你一美元。"

儿子出去后,教授把门关上,得意地自言自语:

第八章

情怀低调：淡泊名利，任心清净

"哈，这下可以清静了。"

谁知没过几分钟儿子又跑来了，并告诉他图已拼好了。教授大吃一惊，急忙到儿子房间去看，果然那张撕碎的世界地图，完完整整地摆在地板上。

"儿子你真棒，不过怎么会这样快？"教授吃惊地望着儿子，不解地问。

"是这样的，"儿子说，"世界地图的背面印有一个名人的头像，只要人拼对了，世界地图自然就对了。"

教授爱抚着小儿子的头，若有所悟地说：
"说得好啊，人对了，世界就对了——我已经找到明天的讲题了。"

人对了，世界就对了——正是我们应该对待失败的态度。失败是什么？客观地说，它只是没有得到或丢失掉的一些东西；主观地说它只是一种心灵状态而已。客观上的失去或没得到，表面上看我们是失败了，但失败不代表一无所获，毕竟我们知道这条路不通向成功，可以选择其他的路。

只要"柴刀"还在

许多时候，我们都希望事情会朝着我们想象的方向发展，但是事实却未必如此，失败的阴影总会第一个袭向我们。一旦被它缠住是件很苦恼的事情，它会令我们气馁。当遇到这种情况时，一定要让我们的心灵平和起来，抛开压抑，从容乐观地面对。

有一个樵夫黄昏回家时，发现他的房子起火燃着了。

左邻右舍都前来帮忙救火，但是因为傍晚的风势过于强劲，所以还是没能将火扑灭。一群人只能静待一旁，眼睁睁地看着炽烈的火焰吞噬了整栋木屋。

大火终于灭了，只见这位樵夫手里拿了一根棍子，跑进烧成灰烬的屋里不断地翻找着。围观的邻人们以为他在寻找藏在屋里的珍贵宝物，所以都好奇地在一旁注视着樵夫，企盼他快点儿找到，也好看看是什么宝物。

过了半响，樵夫终于兴奋地叫起来："我找到了！我找到了！"

邻人们纷纷向前一探究竟，才发现樵夫手里捧着一柄柴刀，根本不是什么值钱的宝物，于是都扫兴地逐个离开了。

樵夫兴奋地砍下一段木棒嵌入柴刀里，充满喜悦地说："谢天谢地，它还在。只要有了这柄柴刀，我就可以再建造一个更坚固耐用的家了。"

我们应该敬佩那些从不幸中站起来的人，正如故事中的樵夫一样，当他面临不幸的时候，他并没有被一时的厄运击倒，反而从中找到了另外一个值得去高兴的理由——他的柴刀。因为柴刀就是他的希望。

富兰克林曾说："有耐心的人才能达到他所希望的目的。"不错，任何事业都不会一帆风顺的，通往成功的大道上会遇到许多"绊脚石"，但只要我们正确地对待，不气馁，持之以恒，始终坚定如一，成功是会有希望的。成功的人大部分都曾被失败冲击过，所不同的，是他们的心灵却一刻也没有被击倒，能够积极地向着成功之路迈进，所以他们成功了。这些成功的人总是在失败的时候，能够将负面的影响转变成积极的能量，并且还会告诉自己："天无绝人之路。"

第八章

情怀低调：淡泊名利，任心清净

心静智慧升

只要我们能够静下心来，便可以聆听到外界的很多声音，一如风过竹林的簌簌声、雨打芭蕉的滴答声、窗外鸟叫虫鸣的啾啾声……人的心，多在静时较为敏锐，由此，外面的境界亦历历可辨。倘若我们在静谧之中能够多用些心，智慧便会从中而生。

某人在家中遗失了一只名贵手表，内心十分焦急，遂请亲朋好友帮忙寻找。

于是，众人如龙卷风一般，但凡家中的瓶瓶罐罐、箱箱柜柜都翻了个遍，但依旧毫无所获。最后，众人都累得气喘吁吁，只好稍作休息。手表主人感到非常沮丧，这时一位年轻人自告奋勇，要独自再去寻找。

他要求众人在房外等候，独自走进房间后，却坐在床上一动不动。

众人感到非常诧异——他不是要找手表吗，怎么一直不见他有所行动？所以大家也都静静地看着这位年轻人，想知道他葫芦里究竟卖的是什么药。

过了片刻，年轻人突然起身钻入床下，出来时手中拎着一只手表。

大家又喜又惊，纷纷问他："你怎么会知道手表在床下呢？"

年轻人莞尔一笑："当心静下来时，就可以听到手表的嘀答声，自然便知道它在哪儿了。"

心静，是人生的一种境界，亦是一种智慧、一种思考，更是人生成功的必要成本。若想做到心静，就必须具备一种豁达自信的素质，具备一份恬然和难得的悟性。

　　印度著名诗人泰戈尔曾经说过："给鸟儿的翅膀缚上金子，它就再也不能直冲云霄了。"这个纷纷扰扰的大千世界处处充斥着诱惑，一个不留神，就会在我们心中激起波澜，致使原来纯净、澄清、宁静的心灵泛起喧哗和浮躁，我们就会在人生的道路上迷失方向。正所谓"心宁则智生，智生则事成"，平心静气，心无杂念才是我们成功的关键所在。

摒除妄念

　　许多烦恼和忧愁缘于外物，却是发自内心，如果心灵没有受到束缚，外界再多的侵扰都无法动摇你宁谧的心灵。

　　有一位虔诚的佛教信徒，每天都从自家的花园里，采撷鲜花到寺院供佛。

　　一天，当她正送花到佛殿时，碰巧遇到无德禅师从法堂出来，无德禅师非常欣喜地说道："你每天都这么虔诚地以香花供佛，来世当得庄严相貌的福报。"

　　信徒非常欢喜地回答道："这是应该的，我每天来寺礼佛时，自觉心灵就像洗涤过似的清凉，但回到家中，心就烦乱了。我这样一个家庭主妇，如何在喧嚣的城市中保持一颗清净的心呢？"

　　无德禅师反问道："你以鲜花献佛，相信你对花草总有一些常识，我现在问你，你如何保持花朵的新鲜呢？"

　　信徒答道："保持花朵新鲜的方法，莫过于每天换水，并且在换水

第八章

情怀低调：淡泊名利，任心清净

时把花梗剪去一截；因为花梗的一端在水里容易腐烂，腐烂之后，水分就不易吸收，花就容易凋谢！"

无德禅师道："保持一颗清净的心，其道理也是一样。我们生活的环境像瓶里的水，我们就是花，唯有不停净化我们的身心，变化我们的气质，并且不断地忏悔、检讨、改进陋习、缺点，才能不断吸收到大自然的食粮。"

信徒听后，欢喜地作礼，并且感激地说："谢谢禅师的开示，希望以后有机会亲近禅师，过一段寺院中禅者的生活，享受晨钟暮鼓、菩提梵唱的宁静。"

无德禅师道："你的呼吸便是梵唱，脉搏跳动就是钟鼓，身体便是庙宇，两耳就是菩提，无处不是宁静，又何必等机会到寺院中生活呢？"

热闹场中亦可作道场，只要自己丢下妄缘，抛开杂念，哪里不可宁静呢？如果妄念不除，即使住在深山古寺，一样无法修行。

浮躁是人生的大敌

在某些人的内心深处，总是有那么一股力量使他们茫然、令他们感到不安，让他们的心灵一直无法归于宁静，这种力量就是浮躁！浮躁不仅是人生的大敌，而且还是各种"心病"的根源所在。

相传古时有兄弟二人，他们都很有孝心，每日上山砍柴换钱为老母亲治病。

一位神仙为他们的孝心所感动，决定帮助他们。于是神仙告诉二人说，用四月的小麦、八月的高粱、九月的稻、十月的豆、腊月的雪放在千年泥做成的大缸内，密封七七四十九天，待鸡叫3遍后取出，汁水可卖大价钱。

兄弟两人各按神仙教的办法做了一缸。待到四十九天鸡叫二遍时，老大耐不住性子打开缸，一看里面是又臭又酸的水，便生气地洒在地上。老二则坚持到了鸡叫3遍后才揭开缸盖，发现里边是又香又醇的酒。

"洒"与"酒"只差一横，只早了那么一小会儿，便造就了两种截然不同的命运。人生在世，必要时，我们需要在心中添上一把柴，以使希望之火燃得更加旺盛；有些时候，我们又要在心中加一块冰，让自己沸腾的心静下来了，剔除那些不切实际的欲望。其实，只要我们能够真正静下心来，我们就一定会比现在好得多。

浮躁这种情绪，可以说是我们成功路上的最大绊脚石。人一旦浮躁起来，就会进入一种应激状态中，火气变大，神经越发紧张，久而久之便演化成一种固定性格，使人在任何环境下都无法平静下来，因而在无形中做出很多错误的判断，造成诸多难以弥补的损失。长此以往，便会形成一种恶性循环，终使我们被淹没于生活的急流之中。所以说，一个人若想在人生中有所建树，首先就要平心静气，其次便是要脚踏实地。

| 第八章 |

情怀低调：淡泊名利，任心清净

为何不回头看一眼

由于自身的浮躁，我们经常在未做充分了解之前，便对一些事情轻率地做出结论。为何不回头多看一眼？或许事实与我们的结论截然相反。

有一回，一位老人对我讲：我年轻时自以为了不起，那时我打算写本书，为了在书中加进点"地方色彩"，就利用假期出去寻找。我要在那些穷困潦倒、懒懒散散混日子的人们中找一个主人公，我相信在那儿可以找到这种人。

一点不差，有一天我找到了这么个地方，那儿是一个荒凉破落的庄园，最令人激动的是，我想象中的那种懒散混日子的味儿也找到了——一个满脸胡须的老人，穿着一件褐色的工作服，坐在一把椅子上为一块马铃薯地锄草，在他的身后是一间没有油漆的小木棚。

我转身回家，恨不得立刻就坐在打字机前。而当我绕过木棚在泥泞的路上拐弯时，又从另一个角度朝老人望了一眼，这时我下意识地突然停住了脚步。原来，从这一边看过去，我发现老人椅边靠着一副残疾人的拐杖，有一条裤腿空荡荡地直垂到地面上。顿时，那位刚才我还认为是好吃懒做混日子的人物，一下子成了一个百折不挠的英雄形象了。

从那以后，我再也不敢对一个只见过一面或聊上几句的人，轻易下判断或做结论了。

感谢上帝让我回头又看了一眼。

很多时候，我们眼睛所看到的，未必就是真实；我们耳朵所听到的，未必就是事实。做人不可太武断，对人对事我们不妨多看几眼，多思考几次，多了解一些。要知道，用心去解读，你才能够得到真相。

世上本无事，庸人自扰之

如果内心波澜起伏，汲汲于功利，汲汲于悲喜，那么即便是再安逸的环境，都无法洗脱你心灵上的尘埃。

一位年轻人四处寻找解脱烦恼的秘诀。他见山脚下绿草丛中一个牧童在那里悠闲地吹着笛子，十分逍遥自在。

年轻人便上前询问："你那么快活，难道没有烦恼吗？"

牧童说："骑在牛背上，笛子一吹，什么烦恼也没有了。"

年轻人试了试，烦恼仍在。于是他只好继续寻找。

他来到一条小河边，见一老翁正专注地钓鱼，神情怡然，面带喜色，于是便上前问道："你能如此投入地钓鱼，难道心中没有什么烦恼吗？"

老翁笑着说："静下心来钓鱼，什么烦恼都忘记了。"

年轻人试了试，却总是放不下心中的烦恼，静不下心来。

于是他又往前走。他在山洞中遇见一位面带笑容的长者，便又向他讨教解脱烦恼的秘诀。

第八章

情怀低调：淡泊名利，任心清净

老年人笑着问道："有谁捆住你没有？"

年轻人答道："没有啊？"

老年人说："既然没人捆住你，又何谈解脱呢？"

年轻人想了想，恍然大悟，原来自己是被自己设置的心理牢笼束缚住了。

世上本无事，庸人自扰之。其实很多时候，烦恼都是自找的，要想从烦恼的牢笼中解脱，首先要做到"心无一物"，放下心中的一切杂念，不为外物的悲喜所侵扰，才能够抛却一切的烦恼，得到内心的安宁。

让生活多一点休闲

人生的目的并不仅仅是工作，工作只是我们生活的一部分，如果永不停止地工作，我们便成了一架机器，失去了生活的意义。在工作的时候，我们应该想一想：我们到底为什么工作？我们的生活中是否还有别的事要做？或许我们会找到工作之外的人生意义。

一个外乡人在卖鬼。

一个路过的人大起胆子问："你的鬼，一只卖多少钱？"

"200两黄金！"

"你这是什么鬼？要这么贵！"

外乡人说："我这鬼很稀有，它是只巧鬼，很会工作，你买回去只要很短的时间，不但可以赚回200两黄金，还可以成为富翁呀！"

路过的人感到疑惑："这只鬼既然那么好，为什么你不自己使用呢？"

外乡人说："不瞒您说，这鬼万般好，唯一的缺点是，只要一开始工作，就永远不会停止，只要一有空闲，它就会完全按照自己的意思工作。我自己家里的活儿有限，不敢使这只鬼，才想把它卖给更需要的人！"

过路人心想：自己的田地广大，家里有忙不完的事，于是就花200两黄金把鬼买回家，成了鬼的主人。

主人叫鬼种田，没想到一大片地，鬼两天就种完了。主人叫鬼盖房子，没想到他3天就盖好了。主人叫鬼做木工装潢，没想到他半天就装潢好了。

短短一年，鬼主人就成了大富翁。

但是，主人和鬼变得一样忙碌，鬼是做个不停，主人是想个不停，他劳心费神地苦思下一个指令。每当他想到一个困难的工作，例如在一个核桃里刻10艘小舟，或在象牙球里刻9个象牙球，他都会欢喜不已，以为鬼要很久才会做好。没想到，不论多么困难的事，鬼总是很快就做好了。

有一天，主人实在撑不住，累倒了，忘记吩咐鬼要做什么事。

鬼把主人的房子拆了，将地整平，把牛羊牲畜都杀了，一只一只种在田里，将财宝衣服全部捣碎，磨成粉末，再把主人的孩子杀了，丢到锅里蒸煮……

原来，永远不停止地工作，竟也是最大的缺点呀！

| 第八章 |

情怀低调：淡泊名利，任心清净

还心清净

不管你选择了什么为"道"，如果将其视为唯一重要之事而执著于此，就不是真正的"道"。唯有达到心中空无一物的境界，才是"悟道"。无论做什么，如果能以空明之心为之，一切都能轻而易举了。

老街上有一铁匠铺，铺里住着一位老铁匠。由于没人再需要他打制的铁器，现在他以卖拴狗的链子为生。

他的经营方式非常古老，人坐在门内，货物摆在门外，不吆喝，不还价，晚上也不收摊。无论什么时候从这儿经过，人们都会看到他在竹椅上躺着，微闭着眼，手里是一只半导体，旁边有一把紫砂壶。

他的生意也没有好坏之说。每天的收入正够他喝茶和吃饭。他老了，已不再需要多余的东西，因此他非常满足。

一天，一个古董商人从老街上经过，偶然间看到老铁匠身旁的那把紫砂壶，因为那把壶古朴雅致，紫黑如墨，有清代制壶名家戴振公的风格。他走过去，顺手端起那把壶。

壶嘴内有一记印章，果然出自制壶名家之手。商人惊喜不已。

古董商端着那把壶，想以15万元的价格买下它，当他说出这个数字时，老铁匠先是一惊后又拒绝了，因为这把壶是他爷爷留下的，他们祖孙三代打铁时都喝这把壶里的水。

虽没卖壶，但古董商出现的那天，老铁匠有生以来第一次失眠了。这把壶他用了近60年，并且一直以为是把普普通通的壶，现在竟有人要以15万元的价格买下它，他有点想不通。

过去他躺在椅子上喝水，都是闭着眼睛把壶放在小桌上，现在他总要坐起来再看一眼，这，让他非常不舒服。特别让他不能容忍的是，当人们知道他有一把价值连城的茶壶后，总是拥破门，有的问还有没有其他的宝贝，有的甚至开始向他借钱，更有甚者，晚上也推他的门。他的生活被彻底打乱了，他不知该怎样处置这把壶。当那位商人带着30万元现金，第二次登门的时候，老铁匠再也坐不住了。他招来左右邻居，拿起一把锤头，当众把那把紫砂壶砸了个粉碎。现在，老铁匠还在卖拴小狗的链子，据说今年他已经101岁了。

老铁匠的内心随着茶壶的升值而波动不平起来了，生活中原本的宁静与安详被打破了，很显然这突如其来的"好运"并没有给老人带来快乐，相反老人的内心却承受着煎熬。在沉思之后，老人最终悟得了"虚空"的禅机。也是在老人举起锤头的那一刹那，他找回了原本属于自己的那份安详与宁静。

今时今日，大多数人都显得焦躁不安、迷失了快乐。唯一可以改变这种状态的办法便是保持内心的空明，于静处细心体味生活的点滴，让生活还原本色。

感悟平凡

享受平凡是因为平凡中你才能体会到生活的幸福和可贵。幸福不是腰缠万贯，豪华奢侈，幸福不是位高权重，呼风唤雨，幸福是对平凡生活的一种感悟，只要你经历了平凡，享受了平凡就会发现：平凡才是人生的真境界。

雪是一个细致的、朴素的女孩，是个大学二年级的穷学生。一个男

第八章

情怀低调：淡泊名利，任心清净

生喜欢她，但同时也喜欢一个家境很好的女生。在他眼里，她们都很优秀，也都很爱他，他为选择自己的另一半很犯难。有一次，他到雪家玩儿，当走进她简陋但干净的房间时，他被窗台上的那瓶花吸引住了——一个用矿泉水瓶剪成的花瓶里插满了田间野花。

他被眼前的情景感动了。就在那一刻，他选定了谁将是他的新娘，那便是摆矿泉水花瓶的雪。促使他下这个决心的理由很简单，雪虽然穷，却是个懂得如何生活的人，将来，无论他们遇到什么困难，他相信她都不会失去对生活的信心。

宁是个普通的职员，生活简单而平淡，她最常说的一句话就是："如果我将来有了钱啊……"同事们以为她一定会说买房子买车，她的回答却令人们大吃一惊："我就每天买一束鲜花回家！""你现在买不起吗？"同事们笑着问。"当然不是，只不过对于我目前的收入来说有些奢侈。"她也微笑着回答。一日，她在天桥上看见一个卖鲜花的乡下人，他身边塑料桶里放着好几把雏菊，她不由得停了下来。这些花估计是乡下人批来的，又没有门面，所以花便宜得要命，一把才 5 元钱，如果在花店，起码要 15 元！于是她毫不犹豫地掏钱买了一把。

她兴奋地把雏菊捧回家，在她精心呵护下，这束花开了一个月。每隔两三天，她就为花换一次水，再放一粒维生素 C，据说这样可以让鲜花开放的时间更长一些。每当她和孩子一起做这一切时，都觉得特别开心。一束雏菊只要 5 元钱，但却给宁和家人带来了无穷的快乐。

琳是某大型国企中的一名微不足道的小员工，每天做着单调乏味的工作，收入也不是很多。但琳却有一个漂亮的身段，同事们常常感叹说："琳要是穿起时髦的高档服装，能把一些大明星都给比下去！"对于同事的惋惜之辞，琳总是一笑置之。有一天，琳利用休息时间清理旧东西，一床旧缎子被面引起了她的兴趣——这么漂亮的被面扔了实在可惜，自己正好会裁剪，何不把它做成一件中式时装呢？！等琳穿着自己做的旗袍上班时，同事们一个个目瞪口呆，拉着她问是在哪里买的，实在太漂亮了！从此以后，琳的"中式情结"一发不可收：她用小碎花的旧被单做了一件立领带盘扣的风衣，她买了一块红缎子面料稍许加工后，就让她常穿的那条黑长裙大为出彩……

　　3个身处不同环境的平凡女人有一个共同点：她们都能从平凡的生活中找到属于自己的幸福。雪很穷，但她却懂得尽力使自己的生活精致起来；宁生活平淡，她却愿意享受平淡的生活，并为生活增添色彩；琳无法得到与自己的美丽相称的生活，但她没有丝毫抱怨，还尽量利用已有的东西装点自己的美丽。所以，最快乐的人并不是拥有的一切东西都是美好的，她们只是懂得从平淡的生活中获取乐趣而已。

　　其实，世界上的大多数人都并不伟大，但平凡的人生同样可以光彩夺目。因为任何生命——平凡的生命和伟大的生命，都是从零开始的。只是平凡的人离零近些，伟大的人离零远些。

　　追求平凡，并不是要你不思进取，无所作为，而是要你于平淡、自然之中，过一个实实在在的人生。平凡乃人生一种境界。肤浅的人生，往往哗众取宠，华而不实，故弄玄虚，故作深沉；而平凡的人生，往往于平淡当中显本色，于无声处显精神。平凡在某种程度上来说，表现为心态上的平静和生活中的平淡。平淡的人生犹如山中的小溪，自然、安逸、恬静。平凡人生也无须雕琢，刻意雕琢就会失去自然、失去本性。

　　做平凡人是一种享受：享受平凡，勤耕苦作有收获，不求名利少烦恼；享受平凡，看海阔天空飞鸟自在翱翔；看山青水秀，无限风光在眼前。享受平凡，不是消极，不是沉沦，不是无可奈何，不是自欺欺人。

第九章
心态低调：诸善奉行，盛德若愚

在自由社会，善良、包容是我们重要的护身符，也是社会成熟度和个人素质高的表现。心态低调，诸善奉行，盛德若愚则说明这个人拥有常人没有的品质和德行。文明社会，正是通过爱与包容给表达自由留下空间。也只有有了那个空间，才会体现低调的心态，才会有真正的文明。

善恶无分轻重

人之善恶不分轻重。一点善是善,只要做了,就能给人以温暖。一点恶是恶,只要做了,也能给人以损害。

商纣王刚登上王位时,请工匠用象牙为他制作筷子,他的叔父箕子十分担忧。因为他认为,一旦使用了稀有昂贵的象牙作筷子,与之相配套的杯盘碗盏就会换成用犀牛角、美玉石打磨出的精美器皿。餐具一旦换成了象牙筷子和玉石盘碗,你就要千方百计地享用牛、象、豹之类的胎儿等山珍美味了。在尽情享受美味佳肴之时,你一定不会再去穿粗布缝制的衣裳,住在低矮潮湿的茅屋下,而必然会换成一套又一套的绫罗绸缎,并且住进高堂广厦之中。

箕子害怕演变下去,必定会带来一个悲惨的结局。所以,他从纣王一开始制作象牙筷子起,就感到莫名的恐惧。事情的发展果然不出箕子所料。仅仅只过了5年光景,纣王就穷奢极欲、荒淫无度地度日。他的王宫内,挂满了各种各样的兽肉,多得像一片肉林;厨房内添置了专门用来烤肉的铜烙;后园内酿酒后剩下的酒糟堆积如山,而盛放美酒的酒池竟大得可以划船。纣王的腐败行径苦了老百姓,更将一个国家搞得乌七八糟,最后终于被周武王剿灭而亡。

古人说"千里之堤,溃于蚁穴",如果对小的贪欲不能及时自觉并且有效地修正,终将因为无底的私欲酿成灾难,小则身败名裂,大则招致亡国。我们要时常依照好的准则来检点自身的言行和思想,从善如流,否则等出现不良后果再深深痛悔就已经太晚了!

第九章

心态低调：诸善奉行，盛德若愚

爱如冬日暖阳

爱心就像冬日里的暖阳、夏日里的凉风，拥有了它，你就可以拥有更多的快乐，让自己的人生更加美好。

一个小男孩和小朋友们一起在草地上玩耍。突然，旁边的一个小伙伴跑过来推了他一下，他顺势倒地，膝盖上擦破了一大块，那个小伙伴却蹦蹦跳跳地拉了其他的小伙伴跑远了。他哭着走回了家，从此，心里便结了一层冰，他拒绝那个小伙伴和他一起玩儿。长大之后，谈了6年的女友突然提出和他分手，并投入别人的怀抱。

他伤心欲绝，心里的冰更厚了。工作越来越不顺手了，评优的时候，他落榜了。他怨天尤人，他的心被冰冻了，他觉得活在这个世界上已经毫无意义了，他决定悄悄地离开这个世界。在一个夜深人静的夜晚，他喝了一瓶安定，躺在床上安静地睡去，醒来时发现自己正睡在医院的病房里，一位护士告诉他，他有严重的胃溃疡，并说病区里有个可怜的年轻女病人，情绪悲观低落，如果他能写一些情书给她，或许可以使她振作起来。青年人开始给她写第一封信，接着，第二封……信中，他假称曾经匆匆见过她一面，从那时候起，他一直忘不了她。他提议，待到他俩都痊愈了，也许他们能结伴到公园去散步。

写信给他带来了欢乐——很久没有感受过的欢乐。他开始渐渐地康复。他写了许多信，不久，他能生气勃勃地在病房里踱步了。又过了段时间，医生通知他马上就可以出院了。

但他感到有点失望，因为他还未见过那位少女。给所倾慕的人写信，使他看到了活下去的希望，想到她，哪怕见一面也好！

他请求护士允许自己到那位少女的病房去探望她，护士同意了，并告诉他病房号。但是，当他找到这间病房时，却发现没有这样一位少女。

这时，他才了解到事情的真相：那位护士竭尽全力使他恢复了健康。当她看到他悲观失望，察觉到他对每个人的苛求、怨恨心理，她认识到这个青年人所需要的是"人生的希望"，希望能使他振奋，帮助他战胜自己。她深知，对于一位病友，对于一位同病相怜的少女的同情和关怀，能唤起青年人对生活的渴望。于是，她为他虚构了一位不幸的少女。正是这位虚构的少女，将他从精神沉沦中拯救了出来。

从此，他的心里感觉到有一种暖暖的东西流遍全身。心里的冰开始融化。心情也慢慢地好起来了。在以后的日子里，因为他的笑脸和热心，他的周围朋友也多了起来，还找到了一个不错的女朋友，工作也渐渐有了起色。有一天，他突然发现阳光很明媚、女友很美、同事很友善、朋友很可靠……活着很愉快。

怀着爱心吃"菜"

怨恨的心理，甚至会毁了你对食物的享受。圣人说："怀着爱心吃菜，也会比怀着怨恨吃牛肉好得多。"

有位国王想励精图治，如果有3件事可以解决，则国家立刻可以富强。第一，如何预知最重要的时间；第二，如何确知最重要的人物；第三，如何辨明最紧要的任务。于是群臣献计献策，却始终不能让国王

第九章

心态低调：诸善奉行，盛德若愚

满意。

国王只好去问一位极为高明的隐士，隐士正在垦地，国王问这3个问题，恳求隐士给予指点。但隐士并没有回答他。隐士挖土累了，国王就帮他继续干。天快黑时，远处忽然跑来一个受伤的人。于是国王与隐士把这个受伤的人先救下来，裹好了伤口，抬到隐士家里。翌日醒来，这位伤者看了看国王说："我是你的敌人，昨天知道你来访问隐士，我准备在你回程时截击你，可是被你的卫士发现了，他们追捕我，我受了伤逃过来，却正遇到你。感谢你的救助，也感谢你让我知道了这个世界上最宝贵的东西，我不想做你的敌人了，我要做你的朋友，不知你愿不愿意？"国王听了微笑着说："我当然愿意。"

国王再去见隐士，还是恳求他解答那3个问题。隐士说："我已经回答你了。"国王说："你回答了我什么？"隐士说："你如不怜悯我的劳累，因帮我挖地而耽搁了时间，你昨天回程时，就被他杀死了。你如不怜恤他的创伤并且为他包扎，他不会这样容易地臣服你。所以你所问的最重要的时间是'现在'，只有现在才可以把握。你所说的最重要人物是你'左右的人'，因为你立刻可以影响他。而世界上最重要的是'爱'，没有爱，活着还有什么意思？"

人生在世究竟该怎样做人？从古至今这是人们争论的一个话题。是"争一世而不争一时"，还是"争一时也要争千秋"，是只顾个人私利不管他人"瓦上霜"，还是为人类做有益的事，作些贡献？这实际上是两种世界观的较量。生活中，一个心胸狭窄的人，凡事都跟人斤斤计较，如此必然招致他人的不满。人在世时宽以待人，善以待人，多做好事，遗爱人间必为后人怀念，所谓"人死留名，虎死留皮"，爱心永在，善举永存。而恩泽要遗惠长远，则应该多做在人心和社会上长久留存的善举。只有为别人多想，心底无私，眼界才会广阔，胸怀才能宽厚。

超越善恶

> 禅要求我们超越于善恶这种分别心之上,直接明白我们心灵的真实情况,如此才是契入禅机的要点。

六祖慧能辞别了五祖,开始向南奔去。过了两个半月,到达大庾岭。后面追来了数百人,欲夺衣钵。有一名叫慧明的僧人,出家前是四品将军,性情粗暴,极力寻找六祖,他抢在众人前面,赶上了六祖。

六祖不得已,将衣钵放在石头上,说:"这衣钵是传法的信物,怎么能凭武力来抢呢?"然后隐藏在草莽中。

慧明赶来拿,却无论如何也拿不动法衣。于是他大声喊道:"行者,行者,我是为得到佛法而来,不是为此法衣而来。"

六祖就从草间出来,盘坐在石头上。慧明行礼后说:"望行者能为我说说佛法。"六祖说:"既然你是为了佛法而来,那你就摒弃一切俗念,不要再有任何念头,我为你说法。"

慧明静坐了良久,六祖说:"不思善,不思恶,正在这个时候,哪个是明上座的本来面目?"

慧明听了,顿时大悟。

禅要求我们超越于善恶的分别心之上,直接明白我们心灵的真实情况。以无所依、无所求之心而培养善心善行,才是最好的生活状态。

一个人可以在一念之间上天堂也可以下地狱,那是因为人性中本就存在光明与黑暗的两面。当妄念太过执著时,人便舍弃了光明的那一

第九章

心态低调：诸善奉行，盛德若愚

面，而走向黑暗。其结果也必将是黑暗的。人生如过眼云烟，最终必是一切成空。为恶一生所得的所有"益处"都无法带走。只有以无所求之心培养善心善行，方能得到幸福的赠予。以无所希求之心培养善心善行，则可以无挂无碍，享受美好的生活境界了。

诸恶莫作

不管是小的过错，还是小的罪恶，但凡是负面的言行都不要让它面世。

白居易为官时曾去拜访鸟窠道林禅师，他看见禅师端坐在鹊巢边，于是说："禅师住在树上，太危险了！"

禅师回答说："太守，你的处境才非常危险！"

白居易听了不以为然地说："下官是当朝重要官员，有什么危险呢？"

禅师说："薪火相交，纵性不停，怎能说不危险呢？"意思是说官场浮沉，勾心斗角，危险就在眼前。

白居易似乎有些领悟，转个话题又问道："如何是佛法大意？"

禅师回答道："诸恶莫作，众善奉行。"

白居易听了，以为禅师会开示自己深奥的道理，没想到只是如此平常的话，便失望地说：

"这是3岁孩儿也知道的道理呀！"

禅师说："3岁孩儿虽道得，八十老翁却行不得。"

白居易被禅师一语惊醒。

"勿以善小而不为,勿以恶小而为之。"谁都知道这个道理,但能够做到的人却很少。

佛说:"愚昧之人,其实亦知善业与恶业之分别,但时时以为是小恶,作之无害,却不知时时作之,积久亦成大恶。犹水之一小滴,滴下瓶中,久之,瓶亦因此一滴一滴之水而满。故虽小恶,亦不可作之,作之,则有恶满之日。"

忍字高

生活中,我们要注意培养这种忍让宽容的习惯,就像人们常说的那样:忍字头上一把刀,遇事不忍把祸招,若能忍住心头急,事后方知忍字高。

一次,在公共汽车上,一个红头发的男青年往地板上吐了一口痰,被乘务员看到了,并说:"同志,为了保持车内的清洁卫生,请不要随地吐痰。"没想到那男青年听后不仅没有道歉,反而又狠狠地向地板上连吐3口痰。那位乘务员是个年轻的女孩,此时气得面色涨红,眼泪在眼圈里直转。车上的乘客议论纷纷,有为乘务员抱不平的,有帮着那个男青年起哄的,也有挤过来看热闹的。大家都在关心事态如何发展,有人悄悄说快告诉司机把车开到公安局去,免得一会儿在车上打起来。没想到那位女乘务员定了定神,平静地看了看那位男青年,对大伙说:"没什么事,请大家回座位坐好,以免摔倒。"一面说,一面从衣袋里

第九章

心态低调：诸善奉行，盛德若愚

拿出手纸，弯腰将地板上的痰迹擦掉，扔到了垃圾桶里，然后若无其事地继续卖票。看到这个举动，大家愣住了。车上鸦雀无声，那位男青年的舌头突然短了半截，脸上也不自然起来，车到站没有停稳，就急忙跳下车，刚走了两步，又跑了回来，对乘务员喊了一声："大姐！我服你了。"车上的人都笑了，七嘴八舌地夸奖这位乘务员不简单，真能忍，不声不响就把浑小子治服了。

这位女乘务员忍下了一时之气，主动退让一步。这种退让使她取得了道德上、人格上的胜利，同时给了那个男青年一个深刻的教训。

"司马牛"与"拗相公"

放下吧！放下心中一切仇怨，宽恕曾经对不起我们的人，理智处理让你抓狂的每一件事，让这世界充满爱，充满祥和。

宋朝的王安石和司马光十分有缘，两人在公元1019年与1021年相继出生，年轻时，都曾在同一机构担任完全一样的职务。两人互相倾慕，司马光仰慕王安石绝世的文才，王安石尊重司马光谦虚的人品，在同僚们中间，他们俩的友谊简直成了某种典范。

做官好像就是与人的本性相违背，王安石和司马光的官愈做愈大，心胸却慢慢地变得狭窄起来，相互唱和、互相赞美的两位老朋友竟反目成仇。倒不是因为解不开的深仇大恨，人们简直不敢相信，他们是因为互不相让而结怨。两位智者名人，成了两只好斗的公鸡，雄赳赳地傲视对方。有一回，洛阳国色天香的牡丹花开，包拯邀集全体僚属饮酒赏花。席中包拯敬酒，官员们个个善饮，自然毫不推让，只有王安石和司马光酒量极差，待酒杯举到司马光面前时，司马光眉头一皱，仰着脖子把酒喝了，轮到王安石，王执意不喝，全场哗然，酒兴顿扫。司马光大有上当受骗，被人小看的感觉，于是喋喋不休地骂起王安石来。一个满脑子知识智慧的人，一旦动怒，开了骂戒，比一个泼妇更可怕。王安石以牙还牙，祖宗八代地痛骂司马光。自此两人结怨更深，王安石得了一个"拗相公"的称号，而司马光也没给人留下好印象，他忠厚宽容的形象大打折扣，以至于苏轼都骂他，给他取了个绰号叫"司马牛"。

到了晚年，王安石和司马光对他们早年的行为都有所后悔，大概是人到老年，与世无争，心境平和，世事洞明，可以消除一切拗性与牛脾气。王安石曾对侄子说，以前交的许多朋友，都得罪了，其实司马光这个人是个忠厚长者。司马光也称赞王安石，夸他文章好，品德高，功劳大于过错，仿佛是又有一种约定似的，两人在同一年的5个月之内相继归天，天国是美丽的，"拗相公"和"司马牛"尽可以在那里和和气气地做朋友，吟诗唱和了，什么政治斗争、利益冲突、性格相违，已经变得毫无意义了。

朋友之间相处，需要用"和气"来化解彼此之间的矛盾。人和人都是不同的，对于性格、见解、习惯等方面的相异，要以和为重，若"疾风暴雨、迅雷闪电"会影响朋友之间的关系，甚至导致友谊破裂，反目成仇；而若和气面对彼此的不同，进而欣赏对方的优点，则对方也会对你加以赞美。这样一来，你们的"祥"和"瑞"也就更多了。

第九章

心态低调：诸善奉行，盛德若愚

用宽恕化解仇恨

> 宽容是一剂良药，可以医治人心灵深处不可名状的跳动，滋生永恒的人性美。

一位妇人同邻居发生纠纷，邻居为了报复她，趁夜偷偷地放了一个骨灰盒在她家的门前。第二天清晨，当妇人打开房门的时候，她深深地震惊了。她并不是感到气愤，而是感到仇恨的可怕。是啊，多么可怕的仇恨，它竟然衍生出如此恶毒的诅咒！竟然想置人于死地而后快！妇人在深思之后，决定用宽恕去化解仇恨。

于是，她拿着家里种的一盆漂亮的花，也是趁夜放在了邻居家的门口。又一个清晨到来了，邻居刚打开房门，一缕清香扑面而来，妇人正站在自家门前向她善意地微笑着，邻居也笑了。

一场纠纷就这样烟消云散了，她们和好如初。

一个人能否以宽容的心对待周围的一切，是一种素质和修养的体现。大多数人都希望得到别人的宽容和谅解，可是自己却做不到这一点，因为总是把别人的缺点和错误放大成烦恼和怨恨。宽容是一种美，当你做到了，你就是美的化身。

冤冤相报何时了

> 怨怨相报何时了，怨恨的延续和积累只会让人们彼此仇视，既不利人又不利己。倘能化敌为友，就会皆大欢喜。

柳村的张李两姓乃三代仇家，前些年还时有殴斗发生。

一天，老张，老李从集镇夜市出来，凑巧同时走上返村之路。

仇人相见，一如既往，仍互不搭理；两人一前一后，相距丈余，各自赶路。

走着走着，老张突然听到走在前边的老李"啊呀"一声惊叫，遂趋而救助。

原来是老李误入溪河，坠入冰窟。月色下，只见老李两只手挣扎着来回晃动。

老张急中生智，折下一段柳枝，将枝梢递到老李手中，才将其拖离险境。

老李被救上岸，刚说了一声"谢谢"，猛地抬头，见救自己的乃仇家老张，于是问："为何救我？"

老张答："为了报恩。"

"报恩？恩从何来？"

"你救了我啊。"

"我怎么救了你？"

"这条路上，今夜只走着你我两人。你刚才遇险，提醒了走在你身

| 第九章 |

心态低调：诸善奉行，盛德若愚

后的我，倘不是你那一声'啊呀'，第二个坠入冰窟的就是我。我岂有知恩不报之理？如果要说感谢，那首先应当是我感谢你哩。"

月亮看见老张和老李当年曾互相打斗过的双手，此时紧紧地握在了一起。

许多时候，能帮助我们的恰恰是我们的仇家。如果你还在怨恨某个人，不要犹豫，请现在就伸出你的和解之手。

理易清，仇则易乱

理易清，仇则易乱。我们做人，若说尽去七情，洗净六欲，显然是不现实的，但放宽情怀，尽量避免为情绪所控制则也不是什么难事。

三国时，曹操历经艰险，在平定了青州黄巾军后，实力增加，声势大振，有了一块稳定的根据地，于是他派人去接自己的父亲曹嵩。曹嵩带着一家老小40余人途经徐州时，徐州太守陶谦出于一片好心，同时也想借此机会结纳曹操，便亲自出境迎接曹嵩一家，并大设宴席热情招待，连续两日。一般来说，事情办到这种地步就比较到位了，但陶谦还嫌不够，他还要派500士卒护送曹嵩一家。这样一来，好心却办了坏事。护送的这批人原本是黄巾余党，他们只是勉强归顺了陶谦，而陶谦并未给他们任何好处。如今他们看见曹家装载财宝的车辆无数，便起了歹心，半夜杀了曹嵩一家，抢光了所有财物跑掉了。曹操听说之后，咬牙切齿道："陶谦放纵士兵杀死我父亲，此仇不共戴天！我要尽起大军，血洗徐州。"

随后，曹操亲统大军，浩浩荡荡杀向徐州，所过之处无论男女老少，鸡犬不留。吓得陶谦几欲自裁，以谢罪曹公，以救黎民于水火。然而，事情却突然发生了骤变，吕布率兵攻破了兖州，占领了濮阳。怎么办？这边父仇未报，那边又起战事！如果曹操此时被复仇的想法所左右，那么，他一定看不出事情的发展趋势，也察觉不出情况的危急。但曹操毕竟是曹操，他是一个十分冷静沉着的人，也是一个非常会控制自己情绪的人。正因如此，他立刻分析出了情况的严重性——"兖州失去了，就等于断了我们的归路，不可不早做打算。"于是，曹操便放弃了复仇的计划，拔寨退兵，去收复兖州了。

同是三国枭雄，反观刘备，只因义弟关羽死于东吴之手，便不顾诸葛亮、赵云等人的劝阻，一意孤行，杀向东吴。最终仇未得报，又被陆逊一把火烧了七百里连营，自感无颜再见蜀中众臣，郁郁死于白帝城，从此西蜀一蹶不振。

曹操与刘备谁的仇更大？显然是曹操，曹操死了一家老小40余人，而刘备只死了义弟关羽一人。但曹操显然要比刘备冷静得多，他面对骤变的局势，思维、判断没有受到复仇心态的任何影响，所以他才能够摆脱这次危机，保住了自己的地盘和势力。

容，则能和

宽，则能容；容，则能和；和，则能平。一念间的宽容，能换来长久的安乐；一时的委屈，能换来最后的成功。

释迦在世时，弟子中出了一名叛徒。这个背叛者是释迦的堂兄弟提婆。

第九章

心态低调：诸善奉行，盛德若愚

提婆妒忌释迦的名声，屡次设计要杀害他都终告失败。释迦一次次宽恕了他，不过他这个人却恶劣成性，始终不改。有一次，尼僧法施谆谆告诫他，却惹得他凶性大发，杀死了法施。

然而，一重又一重的恶行积压下来，终使提婆不堪良心的谴责而病倒了。病床上的提婆每天都过得极忧烦痛苦，非常希望有什么方法能减轻身心上的折磨。于是他拖着病体，乘了一顶舆轿到释迦那儿去，想要向他忏悔自己的罪过。

然而当舆轿一着地，大地就刮起了一阵大风，而提婆也就活生生被打入阿鼻地狱去了。

释迦的一名弟子见状非常不忍，就对释迦说："我想救救提婆。"

释迦说："很好，可是有一点要注意，你要以正心说教，让他彻底改过。因为要让恶人幡然悔悟，实比在枯木上雕刻还难。"

这名弟子即刻赶往提婆那儿。只见提婆正痛苦地挣扎着，提婆见了他，就哀求他说："我的痛苦就好像被铁轮辗碎了身子，被铁杵痛捣身体，被黑象践踏，把脸投向火山一样，请快来救我！"

弟子答："赶快皈依我佛吧！如此就可以得救。"

说完，所有的痛苦都化为乌有，提婆也痛悔前非，自心底深深悔改。

释迦用宽广的心胸原谅了提婆的过错，包容了他的无礼，这就是宽恕！人们犯错是一种平常，而用宽容的心对待别人的冒犯却是一种超常。

宽恕，亦是一种净化。当我们手捧鲜花送给他人时，首先闻到花香的是我们自己；而当我们抓起泥巴想抛向他人时，首先弄脏的就是我们自己的手。

毒药只在你心里

> 这世间的"恨"就是一味迅猛的毒药，它只扎根在你心中，若想消除它，只能用爱去冲刷。

有一个名叫文娟的女孩出嫁了。出嫁之后，文娟跟丈夫、婆婆同住一起。婚后不久，文娟发现自己根本无法与婆婆和平相处。二人的性格存在着天壤之别，婆婆的一些习惯是文娟看不惯的，而婆婆也经常为这为那指责文娟。

就这样过了一年，文娟与婆婆之间从没停止争过吵。天长日久，家中所有的愤怒和不快越积越多，文娟可怜的丈夫夹在当中，也是痛苦不堪。

最后，文娟实在忍不下去了，她决定"拯救"自己。

于是，文娟找到一位卖中药的朋友赵医生，将自己的处境告诉了他，并问他是否可以给她一些毒药。这样她就能一了百了，把所有的问题都解决掉。

赵医生想了一会儿，说道："这个忙我可以帮，但是你必须要听我的话，按照我讲的去做。"

文娟说："只要你能帮我，我就按你说的去做。"

赵医生给了文娟一包草药，并嘱咐她："你不能用毒性猛的药除掉你婆婆，因为如此一来势必会引起别人的怀疑。我给你配了几种慢性

第九章

心态低调：诸善奉行，盛德若愚

药，毒性将会在你婆婆的体内慢慢培植。你最好每天给她做鸡鱼肉类，再放入少量的毒药在菜中。还有，为了让别人在她死的时候不至于怀疑到你，你必须对她恭恭敬敬，不要同她争吵。对她言听计从。"

谢过赵医生以后，文娟怀着忐忑的心情回去实施谋杀婆婆的计划去了。

就这样过了几个星期、几个月，文娟按照赵医生的吩咐，每天都精心烹制有毒药的菜肴给婆婆吃。为了避免引起怀疑，她无时无刻不在控制着自己的脾气，对待婆婆就像对待自己的亲生母亲一样。于是大半年的时间，她没跟婆婆吵过一次嘴。现在在文娟眼中，婆婆比以前和善得多，也容易相处多了。

婆婆也是一样，她像爱自己的女儿一样爱文娟，还不住地在亲朋好友面前夸奖文娟，说她是打着灯笼都难找的好儿媳。

这天，文娟又来找赵医生，她请求赵医生说："赵医生，请您想办法帮我消除那些药的毒性吧，我现在不想杀死我婆婆了！她已经变成一个好女人，我爱她就像爱自己的母亲一样。"

赵医生笑了笑："你尽管放心好了，其实我并没有给过你什么毒药，那只不过是一些滋补身体的草药，对老年人身体是有好处的。事实上，唯一的毒药在你的心里，在你对待她的态度。可喜可贺的是，你心中的毒药已经被爱冲刷得一干二净了。"

世间没有任何药物能够根除怨恨，怨恨需要用爱去化解。文娟与婆婆之所以能够尽释前嫌，正是因为她们懂得了相互尊重、相互付出，正是因为她们懂得了如何去爱。

大巧若拙

古语云：大智若愚，大巧若拙。这句话的大概意思是说，拥有大智慧的人往往都表现得很愚钝，而身手很灵敏的人往往都表现得很笨拙。其实，这是一种境界。人生中适当的"傻"是一种美德，也是一种智慧。

电影《阿甘正传》中，主人公阿甘出生在美国南部阿拉巴马州的绿茵堡镇，由于父亲早逝，他的母亲独自将他抚养长大。

阿甘不是一个聪明的孩子，小的时候受尽欺侮，他的母亲为了鼓励他，常常这样说："人生就像一盒巧克力，你永远也不知道接下来的一颗会是什么味道。"他牢牢地记着这句话。在社会中，阿甘是弱者，他几乎没有能力掌控自己的生活，于是，他选择了听从命运为他做出的安排。

阿甘的智商只有75，但凭借跑步的天赋，他顺利地完成了大学学业并参了军。在军营里，他结识了"捕虾迷"布巴和神经兮兮的丹·泰勒中尉，随后他们一起开赴越南战场。战斗中，阿甘的小分队遭到了伏击，他冲进枪林弹雨里搭救战友，当丹中尉命令他乖乖地呆在原地等待援军时，他说："不，布巴是我的朋友，我必须找到他！"虽然最终他没能挽救布巴的性命，但至少布巴走时并不孤单。

战后，阿甘决定去买一艘捕虾船，因为他曾答应布巴要做他的捕虾

第九章

心态低调：诸善奉行，盛德若愚

船的大副。当他把这个想法告诉丹中尉时，丹中尉笑话他道："如果你去捕虾，那我就是太空人了！"可阿甘说，承诺就是承诺。终于有一天，阿甘成了船长，而丹中尉却当了他的大副。

阿甘和女孩珍妮青梅竹马，可珍妮有自己的梦想，不愿平淡地度过一生，于是，珍妮让阿甘离自己远远的，不要再来找她，可阿甘依旧会在越南每天给珍妮写信，依旧会跳进大水池里和珍妮拥抱。珍妮说："阿甘，你不懂爱情是什么。"阿甘说："不，虽然我不聪明，但我知道什么是爱。"虽然珍妮一次又一次地离开，但阿甘从未放弃过她，最终有情人终成眷属。

傻瓜的天性里含有一种自然的忍让、宽容和视而不见，是精明人很难做到的一件事情。傻瓜由于自身的特点，目光往往是不够尖锐的，这样他也就没有那么多的挑剔。一个不去挑剔生活和他人的人，是幸福的。而生活中的糊涂智慧就是这样。

曾读过一篇妙文，其中有句话恰好道出了其中的奥妙："天下最傻的人，是把别人当傻子的人！"阿甘的成功，从某种意义上说，全赖于他的傻、不计较输赢得失。阿甘总是那么快乐、那么勇敢，我们以为他不知道自己和别人不同，没想到，原来他一直都承受着因歧视而带来的痛苦，从而不希望他的孩子同自己一样，原来他不是不知道，只是装糊涂，不计较。

不相疑才能长相知

　　爱人是以信任为基础的，信任是对爱人最好的尊重，要相信自己的爱人是一个能够正确处理各种事务的人，是一个有着正常判断力的人，是一个懂得感情、懂得尊重、懂得自尊的人，要将爱人当一个真正的、有独立人格的人看待。

　　最近小敏总是觉得老公行为异常。有一天，她无意中翻看老公的电话号码本，发现了一个女人的电话号码，就追问丈夫那个女人是谁，老公说是一个女同事的电话。这事儿就放在了小敏的心上。后来，她几次从老公的手机中查到双方的联系记录，为此，小敏心里愈发不踏实。是什么事情让他们同事之间只能通过电话联系，而不能当面说清呢？小两口于是为此闹矛盾，小敏经常半夜睡不着就将老公叫醒要求他解释这件事，老公烦不胜烦，觉得自己在小敏面前没有一点心灵空间，而且小敏对自己的不信任严重地伤害了自己的感情，原本和睦的家庭终日笼罩着战争的阴影。

　　爱人之间的信任，需要双方的共同培植，要从一些细节小事做起，应加强双方的沟通和了解，打消对方的顾虑。在这方面，列宁和克鲁普斯卡娅是我们学习的榜样，他们结婚后，订了一个公约：互不盘问。后来又加上了一条：互不隐瞒。这两条其实不矛盾。互不盘问，就是信任对方，不盘问对方的行踪；而互不隐瞒就是不需对方盘问，自己主动向爱人报告自己的行踪、想法，达到交流感情的目的。有了互不隐瞒，就

第九章
心态低调：诸善奉行，盛德若愚

不必盘问，不盘问对方，双方之间就有了信任感和被尊重感，这些都有助于感情的融洽和家庭的和睦。夫妻之间少些猜疑，多些真诚的交流，要经常交心。有道是："长相知，才能不相疑；不相疑，才能长相知。"当夫妻之间多些坦诚，没有无端猜疑时，就能够做到知心了。

天地悠悠，顺其自然

这个世界上有太多的人和事你永远都管不完看不清。所以，清醒的时候就难免心烦意乱，不得安宁，还是糊涂一点更快乐。

曾国藩从小立志要成为圣人，但才能有限，别人都飞黄腾达了，他还屈居乡里。一天他闷闷不乐地散步到郊外，看见一座破庙，就信步走入。

破庙中，一个老僧正拥炉看书，看得津津有味。

曾国藩忍不住上前，想看清那是一本什么书值得老僧这样看。

但就在他刚瞟到书名的那一瞬间，那老僧竟然把书扔进了炉子里。

曾国藩吃了一惊，呆在那里。老僧哈哈大笑，还向曾国藩解释道："我是疯子，我是疯子。"随后进屋睡觉，再不理人。

这件事给曾国藩留下深刻印象。很多年后他向李鸿章说起，问李鸿章是否明白疯僧的用意。

李鸿章聪明绝顶，但偏偏不说，假装苦思冥想不得其解，谦虚地说："学生实不知，还是老师为我解惑吧。"

曾国藩微微叹息道："疯僧烧书之举，意在点醒我。"

"哦？"

"那时我什么都想弄明白,其实什么都不明白,疯僧此举看似疯狂,其实用意颇深。他在告诉我:很多事情是永远看不清的,但看不清就看不清,并无大碍。你只管做你自己的事就可以了。"

曾国藩这话看似简单,其实从佛学里悟出了很深的道理。曾国藩灭太平天国后,为朝廷所忌,又被天津教案搞得名声很臭,开始时他不能搞清楚为什么自己变成这样了,但这时他已看清这一切都很必然,这一切也并不重要。因此他终于彻底放弃功名进取,以善人而善终,可谓有福。

帝范

在你完全放下嗔恨的一刹那,你眼中的世界就变得和平了;当每一个人都放下嗔恨的时候,整个世界就变得和平了。

李世民临终前,预感自己时日无多,于是作了《帝范》十二篇赐给太子。他说:"修身立德,治理国家的事情,已经全在里面了。我有何不测,这就是我的遗言。除此以外,就没有什么可说的了。"太子接到《帝范》,非常伤心,泪如雨下。李世民说:"你更应当把古代的圣人们当作自己的老师,你若只学我,恐怕连我也赶不上了!"太子说道:"陛下曾叫臣到各地视察,了解民间疾苦。臣所到的地方,百姓都在歌颂陛下宽仁爱民。"李世民说道:"我没有过度使用民力,百姓受益很多,因为给百姓的好处多、损害少,所以百姓还不抱怨;但比起尽善尽美来,还差得远呢!"他又告诫太子说:"你没有我的功劳而要继承我的富贵,只有好好干,才能保住国家平安,若骄奢淫逸,恐怕连你自己

第九章

心态低调：诸善奉行，盛德若愚

都保不住。一个政权建立起来很难，而要败亡，那是很快的事；天子的位子，得到它很难而失掉它却很容易。你一定得爱惜，一定得谨慎啊！"

太子李治叩着头说："陛下的教诲儿臣当铭记在心，决不让陛下失望。"李世民说："你能这样想，我也就没有什么不放心的了。"唐太宗教育太子，要求宽仁待人，报民众拥戴之恩，同时要念自己的过错，并不断地调适自己，端正行为。这种博大的心胸，严于律己、宽以待人的精神，直到现在，不管是当政还是为学，都应当把它奉为楷模。

一个有修养的人不同于常人之处，首先在于他的恩怨观是以恕人克己为前提的。一般人总是容易记仇而不善于怀恩，因此有"忘恩负义"、"恩将仇报"、"过河拆桥"等等说法，古之君子却有"以德报怨"、"涌泉相报"、"一饭之恩终身不忘"的传统。为人不可斤斤计较，少想别人的不足、别人待我的不是；别人于我有恩应时刻记取于心。人人都这样想，人际就和谐了，世界就太平了。用现在的话讲，多看别人的长处，多记别人的好处，矛盾就化解了。

善应出于至诚

如果真心帮助，不挟带任何杂念的布施，就是真布施；不怕将来没有回报的布施，就是真布施；不对受施人存任何轻视之心的布施，就是真布施

有一次，佛托着钵出来化缘，遇到两个小孩在路上玩儿沙子。他们看见佛，就站起来非常恭敬地行礼，其中一个孩子抓起一把沙子放在佛

的钵盂里，说："我用这个供养你！"

佛说："善哉！善哉！"

另外一个孩子也抓起一把沙子放在佛的钵盂里。佛就预言，若干年后，一个是英明的帝王，一个是贤明的宰相。

百年后，一个孩子当了国王，就是历史上有名的阿育王；另一个就是他的宰相。在典籍中，关于阿育王的史实与传说很多。比如，他曾经打败东征的亚历山大；他建的一座寺曾经飞到中国来，就是浙江宁波的阿育王寺。

阿育王的一把沙子就得到了这么大的回报，很多人向寺庙里捐金捐银，但什么好处也没见到。原因无他，越有所求越得不到。

这不仅是佛法，也是做人的道理！

什么是真正的慈善？佛祖讲得很清楚，一是出于至诚；二是不求回报；三是不轻毁人家。

前面两条好理解，不轻毁人家是什么意思呢？

"轻"是轻视。因为自己处于"施主"的地位，心里难免有几分优越感，在语言神态上就可能表现出看轻对方之意。"毁"是诋毁的意思，也就是说人家的坏话。这个坏话不是当场说的，是背后说的。不轻毁人家，也就是说在施善的同时，不应自以为是，将自己视作"恩人"，凌驾于他人之上，更不应在背后道人是非，宣称"没有我的帮助他能……"将人置于尴尬境地。

在佛的三大布施原则中，最重要的当然是至诚之心。你不是因为他有权有势，不是因为他长得漂亮，不是因为他将来可能有出息，不是因为想炫耀自己，总之没有任何私心杂念，完全是因为一念之善，这样的施予才是真正的慈善，无论你的施予多么微不足道，都是该得善报的。

| 第九章 |

心态低调：诸善奉行，盛德若愚

众生平等

众生皆怕刑害，自己亦怕刑害；众生皆怕死，自己亦怕死。人若能以此心，念自己之怕而想及其他众生之怕，则自己必不杀生，亦不教令人杀生。

1960 年，饥饿不堪的人们围了两个山头，要把这个范围的猴子赶尽杀绝，不为别的，就为了肚子，零星的野猪、麂子已经解决不了问题，饥肠辘辘的山民把目光转向了群体的猴子。两座山的树木几乎全被伐光，最终 1000 多人将 3 群猴子围困在一个不大的山包上。猴子的四周没有了树木，被黑压压的人群层层包围，插翅难逃。双方在对峙，那是一场心理的较量。猴群不动声色地在有限的林子里躲藏着，人在四周安营扎寨，还时不时地敲击响器，大声呐喊，不给猴群以歇息机会。3日以后，猴群已经精疲力竭，准备冒死突围，人也做好了准备，开始收网进攻。于是，小小的林子里展开了激战，猴的老弱妇孺开始向中间靠拢，以求存活；人的老弱妇孺在外围呐喊，造出声势，青壮进行厮杀，彼此都拼出全部力气浴血奋战，说到底都是为了活命。战斗整整进行了一个白天，黄昏的时候，林子里渐渐平息下来，无数的死猴被收集在一起，各生产队按人头进行分配。

那天，有两个老猎人没有参加分配，他们俩为了追击一只母猴来到被砍伐后的秃山坡上。母猴怀里紧紧抱着自己的崽，匆忙地沿着荒脊的山岭逃窜。两个老猎人拿着猎枪穷追不舍，他们是有经验的猎人，知道抱着两个崽的母猴跑不了多远。于是他们分头包抄，和母猴绕圈子，消耗它的体力。母猴慌不择路，最终爬上了空地上一棵孤零零的小树。这棵树太小了，几乎禁不住猴子的重量，绝对是砍伐者的疏忽，他们根本没把它看成一棵树。上了树的母猴再无路可逃，它绝望地望着追赶到跟前的猎人，更坚定地搂住了它的崽。

　　绝佳的角度，绝佳的时机，两个猎人同时举起了枪。正要扣扳机，他们看到母猴突然做了一个手势，两人一愣，分散了注意力，就在犹疑间，只见母猴将背上的、怀中的小崽儿，一同搂在胸前，喂它们吃奶。两个小东西大约是不饿，吃了几口便不吃了。这时，母猴将它们搁在更高的树杈上，自己上上下下摘了许多树叶，将奶水一滴滴挤在叶子上，搁在小猴能够够到的地方。做完了这些事，母猴缓缓地转过身，面对着猎人，用前爪捂住了眼睛——

　　母猴的意思很明确：现在可以开枪了……

　　母猴的背后映衬着落日的余晖，一片凄艳的晚霞和群山的剪影在暮色中摇曳，两只小猴天真无邪地在树梢上嬉戏，全不知危险近在眼前。

　　猎人的枪放下了，永远地放下了……

　　人权往前推演一步，就是动物权，就是承认众生平等，承认动物也有其生存和发展的权利。于是，以人为本被质疑，人权受到挑战。凭什么以人为中心，以人的意志和利益来规定这个世界的秩序？凭什么以人的无节制的欲望，来剥夺动物的生存和发展的权利？

第九章

心态低调：诸善奉行，盛德若愚

共同弹奏一曲和谐的乐章

社会就是一个大家庭，只有这家庭中的每一个成员相互关爱、相互帮助，家才能够和谐，才能够繁荣文明。

在动物世界，即使凶残的鳄鱼也有合作伙伴。

公元前450年，古希腊历史学家希罗多德来到埃及。在奥博斯城的鳄鱼神庙，他发现大理石水池中的鳄鱼，在饱食后常张着大嘴，听凭一种灰色的小鸟在那里啄食剔牙。这位历史学家非常惊讶，他在著作中写道："所有的鸟兽都避开凶残的鳄鱼，只有这种小鸟却能同鳄鱼友好相处，鳄鱼从不伤害这种小鸟，因为它需要小鸟的帮助。鳄鱼离水上岸后，张开大嘴，让这种小鸟飞到它的嘴里去吃水蛭等小动物，这使鳄鱼感到很舒服。"这种灰色的小鸟叫"燕千鸟"，又称"鳄鱼鸟"或"牙签鸟"，它在鳄鱼的"血盆大口"中寻觅水蛭、苍蝇和食物残屑；有时候，燕千鸟干脆在鳄鱼栖居地营巢，好像在为鳄鱼站岗放哨，只要一有风吹草动，它们就会一哄而散，使鳄鱼猛醒过来，做好准备。正因为这样，鳄鱼和小鸟结下了深厚的友谊。

你并非完美无缺，只有让你的合作者生活得更好，你也才能更好地生活。仔细想一想，我们与老板的关系，与下属的关系，与同事的关系，与顾客的关系，等等，其实不也是一种互通有无，共同发展的关系吗？